W0011962

Annette Schmitt

Golden Retriever

Premium Ratgeber

bede bei Ulmer

Inhalt

Inhalt

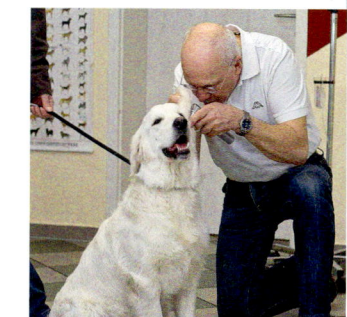

Von den Ursprüngen zur Reinzucht

Der Golden Retriever wurde ursprünglich als Jagdgebrauchshund gezüchtet.

Er ist ein Hund wie aus einem Märchen: Äußerlich von edler Schönheit, verbergen sich in seinem Inneren echte Traumwerte. Für alles und jeden ist der Golden Retriever aufgeschlossen und zu haben, mit einer Ausnahme: Als Schutzhund ist er wegen fehlender Schärfe völlig ungeeignet.

Klingt wahrlich etwas unwirklich und märchenhaft. Aber wie in einem Märchen Gut und Böse eng beieinander liegen, so wurde auch dem schönen Blonden seine Makellosigkeit fast zum Verhängnis. Doch nun der Reihe nach. Woher stammt das vierbeinige Goldstück eigentlich und wie wurde es zu dem, was es heute ist? Als Retriever galten in Großbritannien Hunde, die geschossenes Wild, vor allem Flugwild, aufsuchen und apportieren mussten. Diese Aufgabe war zunächst an keine bestimmte Rasse gebunden, einzige Voraussetzungen waren Vorliebe für und Ausdauer im Wasser, Freude am Apportieren und ein Fell mit dichter Unterwolle. Nachdem die Engländer im 19. Jahrhundert eine eigene Retriever-Rasse züchten wollten, fiel deren Blick auf Hunde aus Neufundland und Labrador, die mit dem Kabeljauhandel auf die britischen Inseln kamen. Von diesen Hunden, die als gemeinsame Vorfahren aller Retriever-Rassen gelten, wusste man bereits, dass sie durch das in Neufundland und Labrador vorherrschende Klima und deren jagdlichen Einsatz dort schon die gewünschten Grundvoraussetzungen für eine spezialisierte Rassezucht mitbrachten. So verfügten die wasserfreudigen Vierbeiner über ein ausgezeichnetes Gedächtnis und konnten sich noch nach Stunden an genaue Fallstellen des Wildes erinnern.

Außerdem zeichnete sie ein „weiches Maul" aus, sie brachten das Wild also unversehrt zu ihren Haltern zurück. Dies setze auch eine starke Bindungsfähigkeit und Unterordnungsbereitschaft zu ihren Haltern voraus. Ebenfalls waren die Hunde bekannt für ihren „will to

Die Arbeit im kühlen Nass ist die Leidenschaft des Golden.

please", also ihren Willen zu gefallen. Erwähnenswert ist außerdem, dass diese Retriever-Vorfahren wohl einst bereits durch Europäer nach Neufundland und Labrador kamen, da es sich hierbei nicht um typische Nordlandhunde mit kleinen, spitzen Ohren und Ringelrute, sondern um schlappohrige Hunde mit Hängerute handelte. Nach und nach kristallisierten sich dann durch verschiedene Kreuzungen unterschiedliche Retriever-Typen heraus.

Die Rasse nimmt Gestalt an

Als Urvater aller Golden Retriever gilt der Rüde „Nous", geworfen 1864 und gezüchtet von Lord of Chichester aus Eltern unbekannter Abstammung.

Diesen gelben, wellhaarigen Rüden entdeckte der passionierte Jäger und Jagdhundzüchter Sir Dudley Coutts Marjoribank, Lord of Tweedmouth, 1865 bei einem Spaziergang an der Küste Brightons. Er war so begeistert von diesem Hund, dass er ihn seinem Besitzer, einem Schuster, abkaufte und den hübschen Vierbeiner bereits mit züchterischen Absichten mit auf seinen Landsitz nach Schottland nahm. 1868 verpaarte Lord Tweedmouth „Nous" mit „Belle", einem Tweed Waterspaniel, der heute als ausgestorben gilt. Daraus ging ein Wurf

5

Edle Abstammung: Der Rüde „Nous", geworfen 1864, gilt als Urvater aller Golden Retriever.

mit vier gelben Welpen hervor. Zwei Hündinnen („Cowslip" und „Primrose") behielt der Lord zur Weiterzucht. Cowslips und Primroses Nachkommen wurden dann wiederum gezielt verpaart. In der Folge kreuzte man außerdem immer wieder Tweed Waterspaniel und Irish Setter ein. Sogar ein sandfarbener Bloodhound mischte in der Zucht mit, um die Nasenleistung der Retriever zu verbessern. Davon ließ man jedoch schnell wieder ab, da die Nachkommen zu groß und zu scharf waren. Nach Lord Tweedmouths Tod 1894 lässt sich die Golden-Retriever-Zucht durch

Der schöne Jagdgebrauchshund mit dem goldenen Fell galt bereits Ende des 19. Jahrhunderts als Geheimtipp des nordschottischen Adels.

den Vicomte d'Harcourt weiterverfolgen. Er besaß zwei Hunde aus der Tweedmouth-Zucht, mit denen er selbst einen Zwinger unter dem Namen „Culham" aufbaute. Hunde aus dieser Zucht sind noch in den meisten Stammbäumen der heutigen Golden Retriever zu finden.

Ende des 19. Jahrhunderts galt der hübsche goldene Jagdgebrauchshund bereits als Geheimtipp des nordschottischen Adels.

Vom Jagdgehilfen zum Familienliebling Nummer 1

Die ersten Golden-Züchter waren durchweg Jäger, da alle begeistert waren von seiner Nervenstärke, verlässlichen Sucharbeit und seinem Eifer. Der passionierte Retriever ließ sich durch nichts ablenken und zeigte eine große Bringfreude. Vor allem im wasserreichen Schottland war der zuverlässige „Seehund" bei der Jagd auf Enten und anderes Niederwild bald nicht mehr wegzudenken. Die Hunde wurden vornehmlich für die Arbeit nach dem Schuss und im Speziellen für das Apportieren von Federwild aus Gewässern eingesetzt.

Ihres Haarkleides wegen galten die langhaarigen Vierbeiner zunächst noch als Unterart des Flat Coated Retrievers bis sie schließlich 1913 durch den Kennel Club als eigenständige Rasse unter dem Namen „Golden oder Yellow (Gelber) Retriever" anerkannt wurden. Im selben Jahr gründete Mrs. Charlisworth einen Klub für Golden Retriever, der sogleich auch einen offiziellen Standard herausbrachte. Die Bezeichnung „Yellow" im Rassenamen fiel jedoch ab sofort wieder weg. Anfangs hatte der hübsche Retriever Probleme, sich gegen die Vielzahl der bereits existierenden anderen Rassehunde durchzusetzen. Dies änderte sich jedoch, als die eifrigen Vierbeiner bei den Leistungsprüfungen, den Field-Trials, von sich Reden machten.

Aufgrund seines Fells galt der Golden zunächst noch als Unterart des Flat Coated Retrievers.

Erst 1913 wurde der „Golden oder Yellow" Retriever als eigenständige Rasse anerkannt.

Seitdem interessierte sich nun auch der britische Süden für den intelligenten Jagdhund. Fortan stieg die Beliebtheit der Hunde stetig an. Der Erste Weltkrieg setzte der Golden-Zucht ziemlich zu. Während des Krieges wurde nicht gezüchtet und es gab keine Ausstellungen. Etliche Verluste waren zu beklagen. Nach Kriegsende erholte sich der Bestand aber relativ rasch wieder.

Eine Rasse und zwei Zuchtlinien

Der Zweite Weltkrieg war diesbezüglich weit weniger einschneidend. Wie beim Labrador entwickelten sich auch beim Golden Retriever zwei unterschiedliche Zuchtlinien: Zum einen die sogenannte „Standardzucht", die ihren Schwerpunkt auf das äußere, möglichst imposant wirkende Erscheinungsbild legt, wie es auf Hundeausstellungen gefragt ist. Zum anderen die „Leistungszucht" oder „Field-Trial-Linie", die ganz gezielt auf Arbeitsleistung, Arbeitswillen und Temperament, also primär für den jagdlichen Gebrauch gezüchtet wird. Hunde aus Field-Trial-Linien sind ihrem Einsatz entsprechend leichter gebaut, wendiger und beweglicher als Vertreter der Show-Linie (= Standardzucht). Inzwischen haben sich beide Linien so weit auseinanderentwickelt, dass ein und derselbe Golden Retriever heute

Die meisten Golden stammen heute aus der sogenannten „Standardzucht" bzw. Showlinie.

nicht mehr die Anforderungen beider Zuchtlinien gleichzeitig erfüllen kann. Früher war dies noch möglich; solche Hunde nannte man damals „Dual Purpose". Heutzutage überwiegen eindeutig die nicht jagdlich geführten Golden Retriever.

In Deutschland wurde der erste Wurf 1962 in das Zuchtbuch des VDH eingetragen und 1963 gründete man den Deutschen Retriever Club e.V. 1989 formierte sich zudem der Spezialzuchtverein Golden Retriever Club e.V.

Vom Fluch, ein Modehund zu sein

Wo der schöne Schotte nun auch immer auf Ausstellungen zu sehen war, stieg die Nachfrage plötzlich rapide an. Wegen seiner Anpassungsfähigkeit und seiner tollen Charaktereigenschaften gewann er zunehmend an Bedeutung als reiner Familienhund, aber auch aus anderen Arbeitsbereichen ist er inzwischen als eine der führenden Rassen nicht mehr wegzudenken. 2010 vermerkte die Welpenstatistik des VDH über 2400 eingetragene Hunde. Längst ist der vielseitige Golden Retriever also zu einem Modehund geworden, ein Trend der keiner Rasse auf Dauer guttut. Die Medien taten ihr übriges dazu, das liebenswerte Goldstück richtig populär zu machen. Ob als Serienheld oder Werbestar, der Golden

Aufgrund seiner tollen Eigenschaften stieg die Nachfrage nach dem Golden Retriever rasant an. Leider hatte dies bei vielen Hunden eine Überzüchtung zur Folge.

Die Legende vom russischen Zirkushund

Bis 1952, als das Zwingertagebuch des Lord Tweedmouth veröffentlich wurde, sah man im Golden Retriever den Nachfahren einer russischen Rasse. Es hielt sich vehement die Legende, dass Lord Tweedmouth bei einem Besuch einer russischen Zirkusvorstellung in Brighton eine Gruppe gelber Hunde sah, die durch ihre Kunststückchen auffielen. Angeblich wollte der schottische Züchter einen dieser Hunde kaufen, musste dann jedoch die gesamte Gruppe für eine Unsumme erwerben, weil die russische Zirkustruppe nicht nur einen einzigen Vierbeiner loswerden wollte. Diese Mär wurde sogar stets in den Katalogen der berühmten Crufts Dog Show beschrieben. Erst als Mrs. Elma Stonex die genauen Aufzeichnungen von Lord Tweedmouth fand, kam die wahre Geschichte über den Erwerb von Stammvater „Nous" ans Licht.

Retriever war bald überall präsent. Zwischenzeitlich stieg die Nachfrage so an, dass auf der Suche nach dem schnellen Geld viele verantwortungslose Massenzuchten entstanden, die rasch Probleme von Überzüchtungen mit sich brachten. Umso wichtiger ist es, einen Golden nur aus einer seriösen, kontrollierten VDH- bzw. FCI-Zucht zu erwerben, damit er sich nicht als kranke, wesensschwache Mogelpackung entpuppt, die dieser Rasse eigentlich absolut nicht entspricht.

Im Rassestandard ist nachzulesen, wie ein tadelloser Golden Retriever auszusehen hat.

Im Standard ist festgehalten, wie ein perfekter Hund einer Rasse auszusehen hat. Aber auch ein kurzer Einblick in Veranlagung und Wesen wird hier gegeben. Der Rassestandard des Golden Retrievers wurde vom Kennel Club festgelegt und in etwa von der FCI übernommen.

FCI-Standard Nr. 111/03.02.2010/D
Übersetzung Uwe H. Fischer

Ursprung Großbritannien
Datum der Publikation des gültigen Original-Standards 28.07.2009
Verwendung Apportierhund für die Flintenjagd.

Klassifikation FCI Gruppe 8 Apportierhunde, Stöberhunde, Wasserhunde. Sektion 1 Apportierhunde. Mit Arbeitsprüfung.

Allgemeines Erscheinungsbild Symmetrisch, harmonisch, lebhaft, kraftvoll, ausgeglichene Bewegung; kernig bei freundlichem Ausdruck.

Verhalten und Charakter (Wesen) Wille zum Gehorsam, intelligent mit natürlicher Anlage zu arbeiten. Freundlich, liebenswürdig und zutraulich.

Kopf – Oberkopf
Kopf Proportioniert und wohlgeformt.
Schädel Breit ohne grob zu sein, gut auf dem Hals sitzend.
Stopp Ausgeprägt.

Charakteristisch für den freundlichen Golden ist der Wille zum Gehorsam und seine Intelligenz, mit natürlicher Anlage zu arbeiten.

Gesichtsschädel
Nasenschwamm Vorzugsweise schwarz.
Fang Kräftig, breit und tief, von annähernd gleicher Länge wie der Schädel vom Stopp zum Hinterhauptbein.
Kiefer/Zähne Kräftige Kiefer mit einem perfekten, regelmäßigen und vollständigen Scherengebiss, wobei die obere Schneidezahnreihe ohne Zwischenraum über die untere greift und die Zähne senkrecht im Kiefer stehen.
Augen Dunkelbraun, weit voneinander angesetzt, dunkle Lidränder.
Behang Mittelgroß, ungefähr in Höhe der Augen angesetzt.

Hals
Von guter Länge, trocken und muskulös.

Körper
Harmonisch.
Rücken Gerade obere Linie.
Lenden Kräftig, muskulös, kurz.
Brust Tiefer Brustkorb. Rippen tief und gut gewölbt.
Rute In Höhe der Rückenlinie angesetzt und getragen, bis zu den Sprunggelenken reichend. Ohne Biegung am Rutenende.

Die Gangart des Golden soll kraftvoll mit gutem Schub sein.

Gliedmaßen
Vorderhand Vorderläufe gerade mit kräftigen Knochen.
Schultern Gut zurückliegend, langes Schulterblatt.
Oberarm Gleich lang wie das Schulterblatt; dadurch Läufe gut unter den Rumpf gestellt.
Ellenbogen Gut anliegend.
Vorderpfoten Rund, Katzenpfoten.
Hinterhand Läufe kräftig und muskulös.
Knie Gut gewinkelt.
Unterschenkel Von guter Länge.
Sprunggelenk Gut gewinkelt, tief angesetzt. Von hinten betrachtet gerade, nicht ein- oder ausgedreht. Kuhhessigkeit in höchstem Grade unerwünscht.
Hinterpfoten Rund, Katzenpfoten.
Gangwerk Kraftvoll mit gutem Schub. Gerade und parallel in Vorder- und Hinterhand. Vortritt ausgreifend und frei, dabei ohne Anzeichen von Steppen (Hochheben der Vorderläufe).

Der Rücken sollte eine gerade Linie vom Widerrist zum Rutenansatz bilden und weder abfallend noch hochgezogen sein.

Jede Schattierung von gold oder cremefarben ist erlaubt, jedoch weder rot noch mahagoni.

Haarkleid
Haar Glatt oder wellig mit guter Befederung, dichte wasserabstoßende Unterwolle.

Farbe Jede Schattierung von Gold oder cremefarben, weder rot noch mahagoni. Einige wenige weiße Haare, allerdings nur an der Brust, sind zulässig.

Größe
Widerristhöhe Rüden 56–61 cm, Hündinnen 51–56 cm.

Fehler
Jede Abweichung von den vorgenannten Punkten muss als Fehler angesehen werden, dessen Bewertung in genauem Verhältnis zum Grad der Abweichung stehen sollte und dessen Einfluss auf die Gesundheit und das Wohlbefinden des Hundes und seine Fähigkeit, die verlangte rassetypische Arbeit zu erbringen, zu beachten ist.

Disqualifizierende Fehler
• Aggressive oder übermäßig ängstliche Hunde.

Hunde, die deutlich physische Abnormalitäten oder Verhaltensstörungen aufweisen, müssen disqualifiziert werden.

Nachbemerkung
Rüden müssen zwei offensichtlich normal entwickelte Hoden aufweisen, die sich vollständig im Hodensack befinden.

Bei langen, strengen Kälteperioden und im Alter kann sich der Nasenschwamm des Golden Retrievers leicht rosa bis bräunlich verfärben.

Wussten Sie schon …?
Beim Golden Retriever gibt es das Phänomen der sogenannten „Winternase" oder „Wechselnase", das heißt, der Nasenschwamm kann sich bei langen, strengen Kälteperioden leicht rosa verfärben. Dies ist keine krankhafte Erscheinung, sondern völlig normal. Mit zunehmender Wärme wird die Nase schließlich wieder schwarz. Auch im Alter kann sich die Nasenfarbe von tief schwarz zum Bräunlichen hin verändern.

Verhalten und Charakter

Der Golden Retriever braucht den jagdlichen Einsatz nicht unbedingt, um glücklich zu sein, aber dann möchte er anderweitig beschäftigt werden.

Obwohl der Golden Retriever auch heute noch als wichtiger Helfer des Waidmanns im Revier zum Einsatz kommt (siehe Seite 82 „Der golden Retriever als Jagdbegleiter"), ist er doch einer der wenigen Jagdhunde, der nicht unbedingt den jagdlichen Einsatz braucht, um glücklich zu sein. Allerdings muss man dem reinen Familienhund dann eine andere Aufgabe geben, die ihn körperlich und mental fordert und ihm dadurch vollkommene Ausgeglichenheit schenkt. Erst dann kann der liebenswerte Vierbeiner sein tolles Wesen voll und ganz entfalten. So ist der Golden ein idealer Hund für sportliche, kreative Leute.

Da er sehr anpassungsfähig ist, eignet er sich für einen Singlehaushalt gleichermaßen wie für eine Großfamilie. Er liebt es, seine Menschen neben dem Fahrrad herlaufend, beim Joggen oder auf Wanderungen zu begleiten. Auf dem Hundeplatz ist der temperamentvolle Schotte für fast jede Sportart zu begeistern. Streitereien mit Artgenossen geht er aus dem Weg und auch im Umgang mit anderen Tieren erweist er sich als sehr verträglich. Selbst als Zweithund macht er eine gute Figur, voraus-

gesetzt natürlich, er wurde bereits als Welpe gut sozialisiert. Ein Golden Retriever ist für jeden Spaß zu haben. Seine große Apportierfreude zeigt er in fantasievollen Spielchen. So kann es sein, dass er von sich aus schon Herrchens Pantoffeln apportiert und auch sonst keine Gelegenheit auslässt, Sie mit „Geschenken" zu beglücken. Diese Anlage sollten Sie

Das Dummy-Training ist eine sinnvolle Beschäftigung für den Golden. Apportieren liegt ihm schließlich im Blut.

ausnützen, indem Sie dem intelligenten Vierbeiner weitere Apportier-Kunststücke beibringen und ihn somit artgerecht fordern. Hier hat sich auch das Dummy-Training als sinnvolle Freizeitbeschäftigung bewährt.

Ein Hund mit vielen Hobbys

Neben dem Apportieren ist Schwimmen schon von Berufs wegen die zweite große Leidenschaft des Golden Retrievers. Jeder Teich, jeder Bach und jede Pfütze werden genutzt, um in irgendeiner Form mit dem kühlen Nass in Berührung zu kommen. Selbst ein hübsch angelegter Gartenteich ist vor der blonden Wasserratte nicht sicher, eine Tatsache die zukünftige Golden- (und zugleich Gartenteich-)Besitzer unbedingt bedenken müssen. Das dritte große Hobby vieler Rassevertreter ist Buddeln. Selbstverständlich werden auch alle drei Beschäftigungsvorlieben phantasievoll miteinander kombiniert. Ein Ausgraben und Apportieren von Blumenzwiebeln oder ein An-Land-Ziehen von diversen Wasserpflanzen ist bei diesem einfallsreichen Vierbeiner also durchaus drin. Sprichwörtlich ist seine große Kinderliebe. Durch nichts aus der Ruhe zu bringen, tobt er gerne mit den jüngsten Familienmitgliedern durch Haus und Garten. Dabei legt er, trotz seines oft etwas tollpatschig wirkenden Auftretens, den Kindern gegenüber eine erstaunliche Vorsicht an den Tag. Hat er sich ausgetobt, mutiert er anschließend im Kreise seiner Lieben zum zärtlichen, anlehnungsbedürftigen „Kuschelbär". Bei einer angemessenen Auslastung zeigt er sich im Haus generell als äußerst ausgeglichen und ruhig. Der temperamentvolle Schotte ist ein echter Gute-Laune-Hund, der überall Fröhlichkeit und Lebensfreude versprüht. Außerdem ist er ein sehr einfühlsamer Freund, der sich genau auf die Stimmungslage seiner Besitzer einstellt.

Der Golden liebt sportliche Betätigung jeder Art, mutiert aber zum ausgesprochenen Schoßhund, wenn er sich ausgetobt hat.

Teamgeist ist Trumpf

Seine Erziehung bereitet keine großen Schwierigkeiten, daher eignet sich der hübsche Blonde auch gut als Anfängerhund. Der stete „will to please", seine rasche Auffassungsgabe und große Unterordnungsbereitschaft kommen Erstlingshaltern und Fortgeschrittenen sehr zugute. Dies bedeutet natürlich nicht, dass sich ein Golden Retriever von selbst erzieht. Gerade bei dieser sensiblen Rasse ist eine intensive Beschäftigung mit dem Vierbeiner für eine optimale Halter-Hund-Beziehung uner-

Der Besuch einer Welpenspielgruppe ist für eine gute Prägung Ihres Golden enorm wichtig.

lässlich. Härte und Drill sind im Umgang mit einem Golden absolut tabu. Ruhige, verlässliche und souveräne Anweisungen sowie viel Einfühlungsvermögen bringen dagegen deutlich mehr. Ein Golden Retriever möchte als Partner angesehen werden, der mit Ihnen zusammen ein eingespieltes Team bildet. Grundsätzlich reagiert der intelligente Vierbeiner sehr gut auf Stimme und Körpersprache. Außerdem spricht er hervorragend auf eine humorvolle, spielerische und liebevolle, aber dennoch konsequente Erziehung an. Da auch die Kraft dieser Hunde nicht zu unterschätzen ist und eine ordentliche Erziehung unerlässlich macht, empfiehlt es sich, von Anfang an eine gute Hundeschule zu besuchen. Für eine gute Prägung Ihres Golden ist bereits der Besuch einer Welpenspielgruppe wichtig.

Kuschelkönig mit umwerfendem Wesen

Die Nähe zu seinen Menschen ist für den hübschen Retriever sein Lebenselixier. Daher darf man ihn nie in einem Zwinger halten,

Im Eifer des „Begrüßungsgefechtes" kann der Golden einen regelrecht umhauen.

Der Golden Retriever sprüht vor Lebensfreude und guter Laune, wenn er artgerecht gehalten wird.

denn dort würde der kontaktfreudige Vierbeiner jämmerlich zugrunde gehen. Er ist äußerst anhänglich und verschmust. Am liebsten ist der blonde Schotte immer und überall mit dabei. Alleinbleiben gefällt ihm nicht sonderlich, denn jede Trennung von seinen geliebten Leuten bedeutet für ihn Stress. Trotzdem aber kann man ihn dazu erziehen, drei bis vier Stunden manierlich zu Hause auf Herrchens oder Frauchens Rückkehr zu warten. Auf Ausflügen zeigt sich der Golden als sehr angenehmer Begleiter. Wegen seines charmanten und einnehmenden Wesens erobert er sich überall

die Herzen aller Menschen im Sturm und schon so mancher Single blieb aufgrund seines schottischen Goldkindes nicht lange alleine. Der fröhliche Retriever ist allem Neuen gegenüber aufgeschlossen, neugierig und anpassungsfähig.

Die Wachsamkeit ist bei jedem Hund unterschiedlich ausgeprägt. In der Regel werden jedoch auch Fremde freundlich begrüßt. Ein Golden Retriever macht keinen Hehl daraus, wenn er von einer Sache oder einem Menschen begeistert ist. Daher ist für das Begrüßungsritual eines Golden eine gewisse Standfestigkeit von Nöten, damit man dem Ansturm dieses liebevollen Kraftpaketes gewachsen ist und nicht einfach von seinen Liebesbezeugungen regelrecht umgehauen wird. Aggressivität und Bösartigkeit sind der Rasse fremd.

Alles in allem ist der Golden Retriever ein liebenswerter Begleiter für Menschen, die ihn mit all seinen Bedürfnissen voll und ganz ernst nehmen und nicht nur aufgrund diverser Modetrends anschaffen.

Bitte bedenken Sie ...

Ein Arbeitstier wie der Golden Retriever braucht eine angemessene Auslastung. Hat der intelligente Vierbeiner keine Möglichkeit, seine Energie ausreichend abzubauen, kann selbst diese grundsätzlich sehr gutmütige und pflegeleichte Rasse neurotische Verhaltensweisen wie Zerstörungswut oder übermäßiges Bellen aus Langeweile an den Tag legen.

15

Der Golden Retriever heute

Von der Jagd bis zum Einsatz im Hundesport – der Golden Retriever lässt sich für (fast) alles begeistern.

Früh übt sich, wer einmal ein zuverlässiger Reitbegleithund werden will.

Der Golden Retriever ist ein richtiger Allrounder. Aus vielen Gebrauchshundesparten ist der blonde Vierbeiner heute nicht mehr wegzudenken, was nicht verwundert, schließlich liegt ihm das Arbeiten schon seit Jahrhunderten im Blut. Andererseits haftet ihm bereits seit längerem das Image des schicken Modehundes an, der in manchen Kreisen als besonders in gilt. Leider wird dabei jedoch seine einstige Bestimmung als ausdauernder, zäher und eingefleischter Arbeitshund vergessen, der er nach wie vor immer und überall liebend gerne nachgeht.

Die FCI-Verbände im In- und Ausland tun ihr Übriges, den ursprünglichen Hauptberuf des Golden Retrievers, nämlich das Apportieren im Revier, nicht in Vergessenheit geraten zu lassen. So werden hier neben Dummy- und Gebrauchsprüfungen auch Field-Trials und Workingtests angeboten. Da die eigentliche Bestimmung des arbeitsamen Vierbeiners im jagdlichen Einsatz liegt und Golden Retriever nach wie vor auch jagdlich geführt werden, ist dem Jagdgebrauch ein eigenes Kapitel in diesem Buch gewidmet.

Trotzdem ist der langhaarige Blonde einer der wenigen Jagdhunde, der nicht unbedingt den jagdlichen Einsatz braucht, um glücklich zu sein. Ein Golden Retriever ist auch für eine Vielzahl von Hundesportarten zu begeistern. Hauptsache, eine kurzweilige Zusammenarbeit mit seinem Hundeführer ist gewährleistet. Als Reitbegleithund ist der intelligente Vierbeiner ebenfalls gut geeignet.

17

Außerdem gibt er mit seiner feinen Nase einen hervorragenden Drogen-, Sprengstoff- oder Schimmelspürhund ab. Auch zur Fährtensuche sowie zum Mantrailing wird er eingesetzt. Selbst als Rettungshund für den Lawinen- und Trümmereinsatz macht das schottische Goldstück eine gute Figur. Vor Ausbildungsbeginn zum Rettungshund erfolgt eine eingehende Prüfung auf Wesensfestigkeit und Nasenarbeit, denn nur physisch und psychisch völlig gesunde Hunde sind für diese Arbeit geeignet.

Einfühlsamer Begleiter für Menschen mit Handicap

Der sensible Vierbeiner kommt zudem als Behindertenbegleithund zum Einsatz. Grundvoraussetzungen für die Ausbildung sind Lernwilligkeit, Unterordnungsbereitschaft, eine hohe Reizschwelle, Aggressionsfreiheit und Apportierfreude. Gehandicapten Menschen leistet der Golden Retriever nicht nur praktische Hilfestellungen im Alltag. Zusätzlich hat das Zusammensein mit solch einem

Als einfühlsamer Therapiehund hat sich der Golden bestens bewährt.

vierbeinigen Helfer eine äußerst positive Wirkung auf die Psyche der Betroffenen. Ein Behindertenbegleithund verhilft zu neuem Selbstbewusstsein. Er trägt maßgeblich dazu bei, eventuelle Hemmschwellen zu überwinden und verschafft Herrchen oder Frauchen schnell Kontakte zu anderen Hundebesitzern.

Blinden Menschen ist der Golden ein zuverlässiger und treuer Führhund. In diesem „Beruf" ist er vor allem wegen seiner ausgesprochenen Intelligenz und Anhänglichkeit begehrt.

Als Gehörlosenhund macht der einfühlsame Vierbeiner hörgeschädigte Menschen auf Geräusche aufmerksam. Epileptikern kann er nach einer speziellen Ausbildung Frühsymptome eines Krampfanfalles anzeigen.

Aufgrund seiner Feinfühligkeit, Menschen-
freundlichkeit und seines liebenswerten, sou-
veränen Auftretens ist das intelligente Arbeitstier ebenfalls ein toller Therapiehund. Kran-
kenstationen, Altenheime oder Einrichtungen
für Behinderte, die jemals mit einem Golden
Retriever zusammenarbeiten durften, möchten
nicht mehr auf seine Anwesenheit verzichten.
Besonders Kinder finden in dem charmanten
Vierbeiner einen liebevollen und zarten See-
lentröster, wenn es darauf ankommt, aber
auch einen lustigen Clown, der gekonnt von
Alltagsproblemen und Krankheiten ablenkt.
Für einen Golden Retriever ist das wichtigste
die Abwechslung. Nur dann ist der intelligente
Vierbeiner rundum zufrieden, ausgeglichen
und glücklich.

*Mit einem vierbeinigen Goldstück an der Seite bleibt
man nicht lange allein.*

Fährtensuche, Flächensuche und Mantrailing

*Drei ähnlich klingende Begriffe, die für den
Laien schwer zu unterscheiden sind. Alle be-
inhalten die Suche nach vermissten Personen.
Bei der Fährtensuche sucht der Hund anhand
der Bodenverwundung (z. B. durch Fußab-
drücke) nach einem Menschen. Der Vierbeiner ist dabei durch eine 10-m-Leine mit seinem Führer verbunden.*

*Die Flächensuche findet meist in unwegsa-
mem Gelände oder in großen Waldflächen
statt. Speziell ausgebildete Hunde durchstö-
bern die Gegend auf menschliche Witterung
hin und dürfen nur Personen anzeigen (durch
Verbellen), die sitzen, kauern, liegen oder sich
kaum bewegen.*

*Beim Mantrailing sucht der Vierbeiner an
einer langen Feldleine eine bestimmte Person
anhand einer Geruchsprobe (z. B. Klein-
dungsstück). Die Suche beginnt am Ort des
Verschwindens der Person, diese Stelle muss
also bekannt sein.*

Anforderungen an den Halter

Gemeinsam mit Frauchen oder Herrchen die Natur genießen – das gefällt!

Fragen, die vorab zu klären sind

Die Anschaffung eines Golden Retrievers muss gut überlegt werden, immerhin liegt seine durchschnittliche Lebenserwartung bei etwa 13 Jahren. Bedenken Sie daher schon im Vorfeld genau, ob es Ihnen finanziell möglich ist, für sämtliche Kosten, die der Hund mit sich bringt, über Jahre hinweg aufzukommen.

Neben den Kosten für die Grundausstattung sowie für den Erwerb des Hundes selbst, schlägt sich die tägliche Futterration natürlich deutlich in Ihrem Geldbeutel nieder, zumal ein mittelgroßer, kräftiger Hund wie der Golden Retriever mehr Futter benötigt als ein kleiner. Zusätzlich müssen Sie eine Haftpflichtversicherung sowie regelmäßige Impfungen und Entwurmungen bezahlen. Unter Umständen sind sogar langwierige und teure tierärztliche Behandlungen nötig, wenn Ihr Vierbeiner einmal überraschend erkrankt. Überlegen Sie außerdem, ob die äußeren Gegebenheiten stimmen. Haben Sie genug Platz für einen Golden Retriever? Der vierbeinige Naturbursche passt nicht unbedingt in ein Hochhaus in der Innenstadt. Auch darf er etwa aus Platzmangel in der Wohnung nicht in einem Zwinger gehalten werden. Hier würde das Sensibelchen physisch und psychisch verkümmern. Am wohlsten fühlt sich der blonde Schotte in einem ländlichen Heim mit Garten. Wichtig ist dabei ein genügend hoher, intakter Gartenzaun, damit sich der Vierbeiner auch unbeaufsichtigt draußen aufhalten kann, ohne zu entwischen.

Stellen Sie sich außerdem darauf ein, dass ein vierbeiniger Mitbewohner und vor allem ein langhaariger wie der Golden Retriever viel Dreck mit ins Haus bringt. Vergessen Sie ebenfalls den Fellwechsel im Frühjahr und Herbst nicht, der sich sehr deutlich an Ihren Kleidern, Polstermöbeln und Teppichen niederschlagen wird.

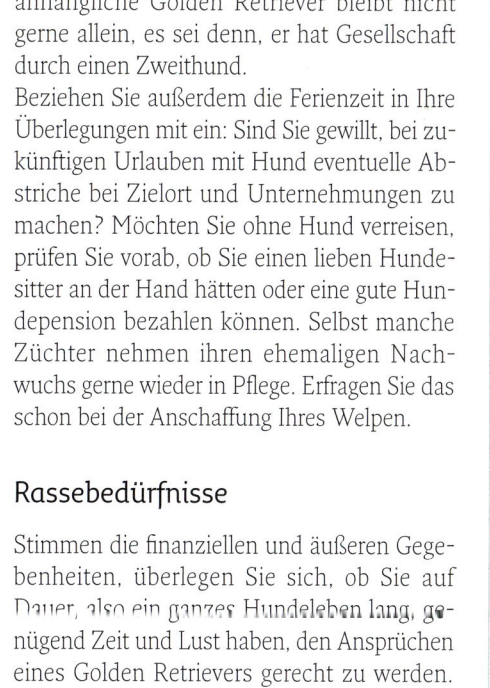

Um keine böse Überraschung zu erleben, erkundigen Sie sich unbedingt vorab, ob in Ihrer Wohnung Hundehaltung erlaubt ist.

Wünschen sich Kinder sehnlichst einen Hund, sollte dieser nur angeschafft werden, wenn alle Familienmitglieder damit einverstanden sind.

Erkundigen Sie sich vorab, ob Ihr Vermieter mit der Anschaffung eines Hundes einverstanden ist. Fragen Sie auch Ihren Chef, ob Sie den Hund bei Abwesenheit aller anderen Familienmitglieder, mit ins Büro nehmen dürfen. Der anhängliche Golden Retriever bleibt nicht gerne allein, es sei denn, er hat Gesellschaft durch einen Zweithund.

Beziehen Sie außerdem die Ferienzeit in Ihre Überlegungen mit ein: Sind Sie gewillt, bei zukünftigen Urlauben mit Hund eventuelle Abstriche bei Zielort und Unternehmungen zu machen? Möchten Sie ohne Hund verreisen, prüfen Sie vorab, ob Sie einen lieben Hundesitter an der Hand hätten oder eine gute Hundepension bezahlen können. Selbst manche Züchter nehmen ihren ehemaligen Nachwuchs gerne wieder in Pflege. Erfragen Sie das schon bei der Anschaffung Ihres Welpen.

Rassebedürfnisse

Stimmen die finanziellen und äußeren Gegebenheiten, überlegen Sie sich, ob Sie auf Dauer, also ein ganzes Hundeleben lang, genügend Zeit und Lust haben, den Ansprüchen eines Golden Retrievers gerecht zu werden. Der Golden Retriever ist ein temperamentvol-

Um ausgeglichen und glücklich zu sein, muss der Golden gefordert werden. Ansonsten tanzt er Ihnen bald auf der Nase herum.

er seine Leute mit komödiantischem Talent zum Lachen und freut sich anschließend gemeinsam mit ihnen. Er scheint also einen ausgeprägten Sinn für Humor zu haben, von daher ist der einfallsreiche Vierbeiner kein Hund für farblose Spaßbremsen.

Sehr wichtig ist dem Golden Retriever Teamarbeit: Am liebsten ist er unverzichtbarer Partner seines Halters. Das temperamentvolle Energiebündel liebt Hundesport jeglicher Art. Abwechslung ist bei ihm Trumpf. Damit keine Langeweile aufkommt, darf Kopfarbeit in keinem Golden-Animationsprogramm fehlen. Überlegen Sie sich unbedingt vorab, ob Sie wirklich gewillt sind, Ihrem wedelnden Freizeitpartner die Freude zu machen, mindestens einen Tag in der Woche auf einem Hundesportplatz zu verbringen.

Da Golden Retriever schon von Berufs wegen liebend gerne apportieren, dürfen sich Rasseinteressenten nicht daran stören, dass sich ihr zukünftiger Hausgenosse eventuell selbstständig Apportieraufgaben im Haushalt und Garten sucht.

Ein Golden Retriever sollte auch seinem großem Hobby, dem Planschen oder Schwimmen, nachgehen dürfen. Dabei macht er sogar vor schmutzigen und schlammigen Wasserpfützen nicht Halt. Selbst der akkurat angelegte Gartenteich zu Hause ist vor seiner Wasserfreude nicht gefeit. Ein anschließendes „Panieren" im Sand ist ebenfalls möglich, weshalb allzu penible Menschen möglicherweise nicht glücklich werden mit dem langhaarigen, Wasser liebenden Vierbeiner. Natürlich kann man

les Energiebündel, das genügend Beschäftigung braucht, um ausgeglichen und glücklich zu sein. Der schöne Vierbeiner benötigt täglich viel Auslauf und zwar bei jedem Wetter. Dabei darf er nicht nur an der kurzen Leine geführt werden, sondern muss richtig rennen und toben können. Für Langweiler und Stubenhocker ist der ausdauernde Blonde sicherlich nicht geeignet. Viel wohler fühlt er sich bei sportlichen Outdoorfans, die einfühlsam, liebevoll, geduldig und kreativ auf sein sensibles Gemüt eingehen. Verstehen Menschen dann noch Spaß, ist das Glück für den Golden perfekt, denn gerne bringt

*Golden lieben Wasser, darum werden möglicherweise allzu schmutzempfindliche Menschen mit dem nässe-
liebenden Vierbeiner nicht glücklich.*

einem Golden Retriever den Gartenteich durchaus als Tabuzone vermitteln, jedoch würde ein generelles Badeverbot, auch außerhalb des eigenen Gartens, seine Lebensqualität enorm einschränken und wäre somit absolut nicht artgerecht.

Stimmt die Chemie zwischen Ihnen und Ihrem Goldkind, wird es nichts geben, was der anhängliche Vierbeiner nicht für Sie tut. Menschen, die einen Golden Retriever rein als Prestigeobjekt ansehen, werden auf Dauer nicht glücklich mit einem fordernden Lebewesen wie es ein Hund nun mal ist. Auch der Vierbeiner hat hier vermutlich schlechte Karten, mit all seinen Bedürfnissen voll zum Zug zu kommen. Können Sie jedoch einen Golden Retriever gänzlich in Ihr Leben integrieren, geht es nun an die Auswahl des Hundes.

*Der temperamentvolle Brite hat einen enormen
Bewegungsdrang, dem man gerecht werden muss.*

Beachten Sie außerdem …

Denken Sie vor der Anschaffung eines Golden Retrievers auch an die Masse des ausgewachsenen Hundes. Sie brauchen so viel körperliche Kraft, dass Sie Ihren Vierbeiner im Notfall auch einmal tragen bzw. heben können. Außerdem müssen Sie kräftemäßig in der Lage sein, einen Golden zu halten, wenn er mal einer Katze hinterherjagen oder einen feindlich gesonnenen Artgenossen angehen möchte.

Einen jungen Hund zu erziehen sowie die eventuell etwas renitente Flegel-phase zu überstehen, kann manchmal ganz schön anstrengend sein.

Möchten Sie sich einen Golden Retriever anschaffen, überlegen Sie nun, ob Sie einen Welpen oder einen erwachsenen Vierbeiner aufnehmen wollen. Ein Welpe ist wie ein Rohdiamant, den Sie erst schleifen müssen. Dies kostet sehr viel Zeit und Geduld, aber sicherlich auch Nerven und Anstrengungen. Ein junger Hund verlangt ständige Zuwendung, anfangs sogar nachts. Es dauert eine Weile, bis der kleine Kerl stubenrein ist. Außerdem muss er erst lernen, alleine zu bleiben, muss sich an fremde Menschen, Tiere und einen normalen Alltag gewöhnen. Am Anfang benötigt ein Welpe noch viermal am Tag Futter. Zudem sind mehrere kurze Spaziergänge sinnvoller als ein ganz langer, schließlich hat das Hundekind noch einen im Wachstum befindlichen, instabilen Bewegungsapparat, auf den sich zu viel Belastung folgenschwer auswirken kann. Die Erziehung eines jungen Hundes sowie die eventuell etwas renitente Flegelphase werden Sie voll und ganz fordern. Andererseits lässt sich ein Welpe noch gut formen, er entwickelt sich also größtenteils genau zu dem, zu dem Sie ihn machen. Natürlich auch im negativen Sinne: Haben Sie nicht von Anfang an eine klare Linie in Ihrer Erziehung, bekommen Sie bald einen aufsässigen, verzo-

Ein Welpe lässt sich noch gut formen, er entwickelt sich also größtenteils zu dem, was Sie aus ihm machen.

genen Fratz, der Ihnen im Erwachsenenalter schnell über den Kopf wächst.

Mit einem älteren Vierbeiner zieht dagegen schon eine ausgereifte Hundepersönlichkeit bei Ihnen ein. In der Regel ist ein erwachsener Golden Retriever aus dem Gröbsten raus, er ist stubenrein, ist mit Halsband und Leine vertraut, kann ab und zu mal alleine bleiben und kennt mindestens die erzieherischen Grundkommandos wie Sitz, Platz, Hier und Pfui. Kennen Sie allerdings nicht lückenlos die Lebensgeschichte Ihres Golden bis zum Zeitpunkt des Einzuges bei Ihnen, kaufen Sie möglicherweise die „Katze im Sack". Der genaue Charakter, eventuelle Macken und das Verhalten des Vierbeiners offenbaren sich Ihnen erst im alltäglichen Zusammenleben. Daher kann die Aufnahme eines erwachsenen Hundes eher etwas für Kenner sein. Von Anfang an muss dem neuen Familienmitglied seine untergeordnete Stellung im Hunderudel klargemacht werden. Eindeutige Regeln und Grenzen sind sehr wichtig für ein harmonisches Miteinander.

Hundeunerfahrene Menschen entscheiden sich also besser für einen Welpen als für einen gänzlich unbekannten erwachsenen Vierbeiner. Ersthalter können mithilfe einer guten Hundeschule gemeinsam mit ihrem Welpen wachsen und lernen. Auch wenn bereits weitere Hunde oder andere Tiere im Haushalt leben, kann der Einzug eines Welpen das Zusammengewöhnen erleichtern. Ein junger Hund hat noch mehr Narrenfreiheit und wird eher spielerisch, aber doch bestimmt in die Rangordnung der anderen Rudelmitglieder eingewiesen. Bei einem erwachsenen, voll ausgereiften Neuzugang können dagegen gleich heftige Kämpfe um die Rudelposition ausbrechen.

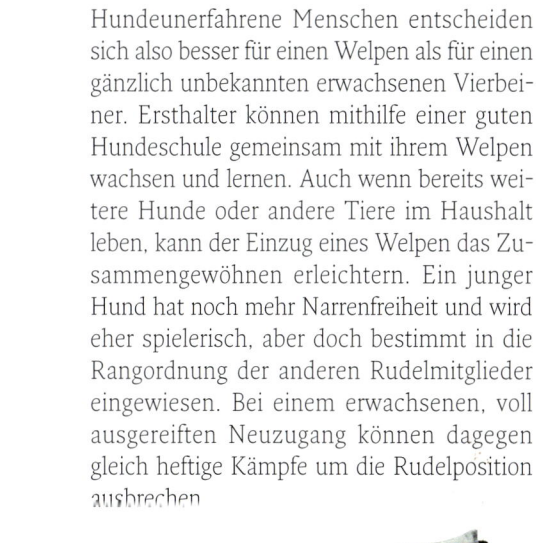

Beachten Sie auch …

*Lassen Sie Ihrem vierbeinigen Neuzugang viel Zeit für die **Eingewöhnung**. Am besten nehmen Sie sich Urlaub, damit Sie sich erst einmal gegenseitig in Ruhe kennenlernen können. Springen Sie trotzdem nicht den ganzen Tag nur um Ihr neues Familienmitglied herum. Geben Sie Ihrem Hund genug Freiraum, sein jetziges Zuhause selbst zu erkunden. Zeigen Sie ihm andererseits vom ersten Tag an liebevoll, aber bestimmt, was er darf und was nicht. Respektieren Sie auch ausreichende Ruhephasen, in denen Ihr Vierbeiner nicht gestört werden möchte, schließlich sind die vielen neuen Eindrücke anstrengend und ermüdend.*

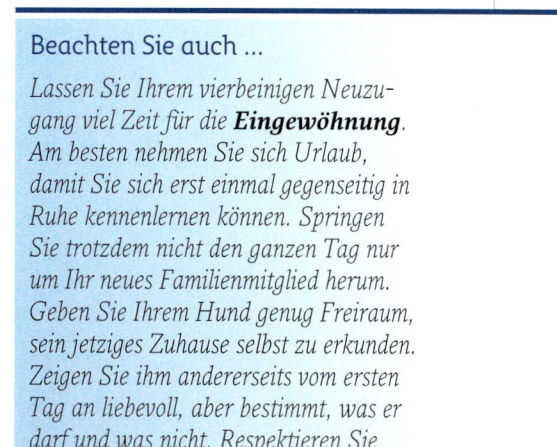

Rüde oder Hündin?

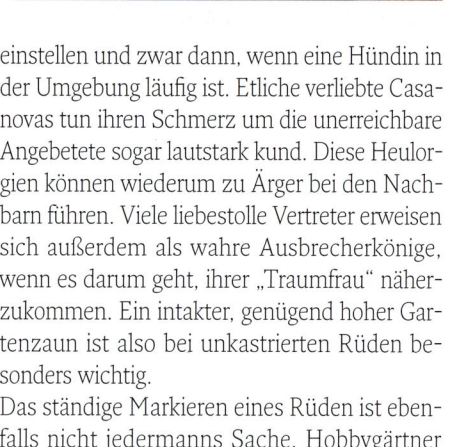

Ihre Entscheidung, ob Sie eine Hündin oder einen Rüden anschaffen möchten, richtet sich nach Ihren Vorstellungen.

Ob Sie sich für einen Rüden oder eine Hündin entscheiden, ist Geschmacksache. Große Unterschiede zwischen den Geschlechtern kommen bei dieser Rasse nicht vor. Es gibt auf beiden Seiten äußerst verschmuste, liebebedürftige Vertreter, aber auch zickige und etwas eigenwilligere Exemplare. Rüden werden etwas größer als Hündinnen. In ihrer Körperhaltung wirken sie häufig imposanter und selbstbewusster. Etlichen Golden-Rüden wird allerdings, anders als bei anderen Rassen, eine größere Anhänglichkeit und Sensibilität als Hündinnen nachgesagt, aber auch hier gibt es natürlich individuelle Unterschiede. Ein Rüdenbesitzer muss sich aber auch von Zeit zu Zeit auf einen liebeskranken und somit fürchterlich leidenden Vierbeiner

einstellen und zwar dann, wenn eine Hündin in der Umgebung läufig ist. Etliche verliebte Casanovas tun ihren Schmerz um die unerreichbare Angebetete sogar lautstark kund. Diese Heulorgien können wiederum zu Ärger bei den Nachbarn führen. Viele liebestolle Vertreter erweisen sich außerdem als wahre Ausbrecherkönige, wenn es darum geht, ihrer „Traumfrau" näherzukommen. Ein intakter, genügend hoher Gartenzaun ist also bei unkastrierten Rüden besonders wichtig.

Das ständige Markieren eines Rüden ist ebenfalls nicht jedermanns Sache. Hobbygärtner büßen dabei sicherlich die eine oder andere Pflanze ihres Gartens ein. Bei vermeintlich konkurrierenden Artgenossen lassen unkast-

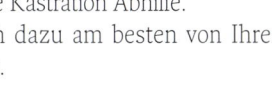

Hier blieb die Läufigkeit nicht ohne Folgen.

Die läufige Hündin

Eine Hündin wird zum ersten Mal zwischen dem siebten und zwölften Lebensmonat läufig. Insgesamt dauert die Hitze, die ein- bis zweimal im Jahr auftritt, etwa 21 Tage. Sie unterteilt sich in drei Phasen: Die ersten neun Tage nennt man Vorbrunst (Proöstrus), äußerlich zu erkennen am Anschwellen der Schamlippen. Nun wird die Hündin ruhiger, vielleicht etwas launisch und markiert anfangs häufig; manchmal frisst sie auch schlecht und neigt zum Streunen. Jetzt lässt die Hündin zwar noch keinen Rüden an sich heran, ihr Interesse am anderen Geschlecht wächst jedoch zunehmend. Während der zweiten Phase, der sogenannten Hochbrunst oder Eisprungphase (Östrus) tritt immer mehr schleimiges, mit Blut vermischtes Sekret aus der Scheide aus. Zu diesem Zeitpunkt wandern die Eizellen vom Eierstock in den Eileiter; dort können sie befruchtet werden. Der Östrus dauert acht bis zehn Tage und ist zu erkennen am weiteren Anschwellen sowie einer noch stärkeren Rötung der Schamlippen. Die blutigen Ausscheidungen gehen in einen hellen Ausfluss über. Ab dem neunten Tag der Läufigkeit „steht" die Hündin; sie zeigt Rüden ihre Paarungsbereitschaft durch eine fast aufdringliche Annäherung und das seitliche Wegknicken ihrer Rute an. Nach dem Östrus folgt der Metöstrus; in dieser Phase klingt die Läufigkeit langsam ab, die Schwellung der Schamlippen geht zurück, der Ausfluss wird weniger. Auch das Verhalten „normalisiert" sich allmählich wieder.

rierte Rüden gerne den Macho raushängen, der auch mal mit viel Getöse einen Schaukampf um die Rangordnung anzettelt. Solche Auseinandersetzungen sind jedoch meist harmlos, während Hündinnen untereinander, aus der instinktsicheren Sorge um ihren vermeintlichen Nachwuchs, mit echten Beißereien nicht lange fackeln.

Hündinnen haben in der Regel eine zierlichere Statur als Rüden. Machtkämpfe wie sie bei Rüden um die hausinterne Rangordnung hin und wieder vorkommen können, sind bei Hündinnen eher selten. Trotzdem geben sie sich, vor allem hormonell bedingt, auch mal zickig. Eine Hündin wird ein- bis zweimal im Jahr läufig. In diesem Zeitraum, der etwa drei Wochen dauert, ist besondere Vorsicht geboten, damit es nicht zu unerwünschtem Nachwuchs kommt. Um Flecken im Haus zu vermeiden, ist ein spezielles Hundehöschen mit extra Slipeinlagen im Fachhandel erhältlich. Daran gewöhnen sich die meisten Vierbeiner sehr schnell, obwohl es immer wieder auch Ausnahmen gibt: Manche Hündinnen versuchen alles, um diese lästige Hose wieder loszuwerden. Möchten Sie die Läufigkeit Ihrer Hündin auf Dauer umgehen, schafft eine Kastration Abhilfe.

Lassen Sie sich dazu am besten von Ihrem Tierarzt beraten.

Verhütung bei Hunden

Bei der Kastration einer **Hündin** nimmt man operativ die Eierstöcke und meist auch die Gebärmutter heraus. Da nun die entsprechenden hormonproduzierenden Drüsen fehlen, ist der Geschlechtstrieb nach einer Kastration völlig ausgeschaltet.

Das Risiko der Hündin, an Gebärmutterkrebs und an einem Gesäugetumor zu erkranken, wird durch die Kastration deutlich vermindert bzw. bei einer Kastration vor der ersten Läufigkeit praktisch ausgeschlossen. Andererseits kann eine so frühe Kastration ein dauerhaft kindlich-kindisches Wesen der Hündin zur Folge haben, denn der Reifeprozess, der durch die Hormone ausgelöst wird, fehlt hier; dies muss jedoch kein Nachteil sein. Bei einer Operation nach der ersten Läufigkeit liegt das Krebsrisiko für die Hündin bei ca. 8 %, nach der zweiten Läufigkeit bei ca. 26 %.

Ein **Rüde** ist kastriert, wenn seine beiden Hoden entfernt wurden.

Kastrierte Tiere werden in der Regel ruhiger. Manche Hunde neigen anschließend verstärkt zu Fettansatz (Futtermenge anpassen), eventuellen Fellveränderungen oder zeigen Inkontinenz. Während man Hündinnen hauptsächlich zur Vermeidung unerwünschten Nachwuchses kastriert, erfolgt die Kastration eines Rüden häufig bei Verhaltensauffälligkeiten. Selbstverständlich lassen sich Verhaltensauffälligkeiten, die durch Erziehungsfehler des Halters entstanden sind, nicht durch eine Kastration korrigieren.

Manche Rüden haben, bedingt durch zu viel Testosteron, einen übersteigerten Sexualtrieb, der mit Streunen, übertriebenem Imponiergehabe und aggressivem Konkurrenzverhalten gegenüber anderen Rüden einhergeht. Hier oder bei krankhaften Veränderungen der Geschlechtsorgane kann die Kastration eines Rüden durchaus nötig sein. Beim Rüden wirkt die Kastration auch als vorbeugende Maßnahme gegen Prostataerkrankungen und Perinal-tumore (= Zubildungen rund um den After).

Letztendlich liegt es in den Händen eines verantwortungsvollen Tierarztes, individuell zu entscheiden, ob eine Kastration angebracht ist oder nicht.

Eine Alternative zur operativen Trächtigkeitsverhütung stellt die medikamentöse Verhütung mittels Hormonpräparaten dar. Diese Methode sollte allerdings nicht auf längere Zeit eingesetzt werden, denn die hormonelle Manipulation einer Hündin erhöht die Wahrscheinlichkeit einer eitrigen Gebärmutterentzündung, die in der Regel wiederum nur operativ zu behandeln ist.

Eine weitere ganz neue Möglichkeit ist die Verhütung mittels Implantat, das wie ein Mikrochip unter die Haut gespritzt wird und alle sechs Monate ausgetauscht werden muss. Laut Hersteller ist dieses Implantat nebenwirkungsfrei, allerdings ist es nicht ganz billig (ca. 50.- € Materialkosten). Für Hündinnen ist das Verhütungsimplantat noch in der Probephase. Bei Rüden wird es bereits eingesetzt; es zeigt die gleiche Wirkung einer operativen Kastration.

Ein Hund aus dem Tierheim

Möchten Sie einen Hund aus dem Tierheim aufnehmen, brauchen Sie meist viel Geduld und Einfühlungsvermögen. Die Vorgeschichte eines solchen Vierbeiners liegt oft völlig im Dunkeln, unerwartete Verhaltensweisen können auftreten. Selbst bei einem Tierheim-Welpen wissen Sie häufig nichts Näheres über seine bisherige Haltung. Da schon eine gute Kinderstube sehr wichtig und prägend für eine intakte Hundeseele ist, kann hier bereits einiges schiefgelaufen sein, was sich nur schwer wieder ausbügeln lässt. Auch das Wesen der Elterntiere, die Sie im Tierheim meist nicht kennenlernen, ist ein wichtiger Anhaltspunkt für den späteren Charakter Ihres jetzt ausgesuchten Zöglings. Je nach früheren Erlebnissen hat Ihr junger oder älterer Golden Retriever vielleicht schon einige Macken, die Sie erst allmählich herausfinden müssen. Trotzdem lohnt es sich, diese Nuss behutsam zu knacken. Besuchen Sie Ihren auserwählten Vierbeiner bereits im Tierheim häufiger und gehen Sie oft mit ihm spazieren, ehe Sie sich endgültig für eine Übernahme entscheiden.

Die Auswahl eines Tierheimhundes erfordert besondere Sorgfalt, schließlich soll der Vierbeiner mit seiner neuen Familie zu einem echten Glückspilz und nicht, nach seinen ersten

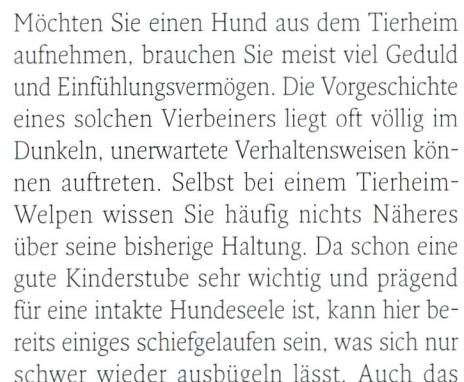

Wenn Sie einen Hund aus dem Tierheim übernehmen brauchen Sie ähnlich wie bei einem Welpen viel Zeit und Geduld.

auftauchenden Eigenarten, zum erneut abgeschobenen Pechvogel werden. Wichtig ist, sich und den Hund von Anfang an nicht unter Druck zu setzen. Geben Sie sich für die Gewöhnung aneinander unbedingt ausreichend Zeit. Weisen Sie Ihre Kinder schon im Vorfeld darauf hin, dass der neue Vierbeiner erst einmal Ruhe und Behutsamkeit zur Eingewöhnung braucht. Bevor sie auf ihn zustürmen und ihn streicheln wollen, sollten auch sie erst einmal genau beobachten, wahrnehmen und abwarten.

Beachten Sie ...

Die Übernahme eines Tierheimhundes erfordert in der Regel Hundeerfahrung, denn wie erwähnt, liegt die Vergangenheit des Vierbeiners häufig im Dunkeln. Manche Tierheimhunde erscheinen auf den ersten Blick unkompliziert und anpassungsfähig; in unterschiedlichen, oft ganz banalen Situationen des Alltags holen sie jedoch rasch frühere schlechte Erlebnisse ein und lassen sie dementsprechend reagieren. Für Anfänger wird dies unter Umständen zu einem unlösbaren Problem. Hundeerfahrene Menschen können sich dagegen kompetenter und souveräner darauf einstellen und damit auseinandersetzen. Erstlingshaltern sei daher geraten, zunächst einmal einen Welpen von einem seriösen VDH- bzw. FCI-Züchter zu nehmen.

Auswahl von Züchter und Hund

Die Auswahl eines solchen süßen Vierbeiners sollte man sich als zuküftiger Hundebesitzer nicht zu einfach machen.

Entscheiden Sie sich für die Aufnahme eines Welpen von einem Züchter, bekommen Sie eine aktuelle Wurfliste über die Welpenvermittlung der dem VDH angeschlossenen Rassevereine. Suchen Sie bereits einen Züchter aus, der die Ihren Ansprüchen entsprechende Zuchtlinie züchtet. Soll Ihr Golden Retriever reiner Familienhund sein, ist die Standardzucht ratsam. Wenn Sie Ihren Golden dagegen später als Gebrauchshund einsetzen wollen, wählen Sie einen Vierbeiner aus einer Field-Trial-Linie bzw. Leistungszucht. Vergleichen Sie verschiedene Zwinger kritisch vor Ort miteinander. Nehmen Sie die Zuchtstätte genau unter die Lupe und kaufen Sie nicht den erstbesten Welpen vom erstbesten Züchter. Scheuen Sie sich nicht vor weiten Anfahrtswegen, immerhin geht um die sorgfältige Auswahl eines neuen Familienmitglieds, mit dem Sie viele glückliche Jahre teilen möchten. Stellen Sie sich auch auf eine eventuelle Wartezeit ein, denn häufig wird nur auf Nachfrage hin

gezüchtet. Dies ist ein gutes Zeichen, spricht es doch für eine reine Hobbyzucht, die primär an die Hunde und nicht an den Profit denkt. Trotzdem muss Ihnen ein gesunder Golden-Retriever-Welpe einiges Wert sein: Der durch-

Ein verantwortungsvoller Züchter wird Sie ausführlich befragen und Ihnen dann einen oder zwei zu Ihnen passenden Welpen vorstellen.

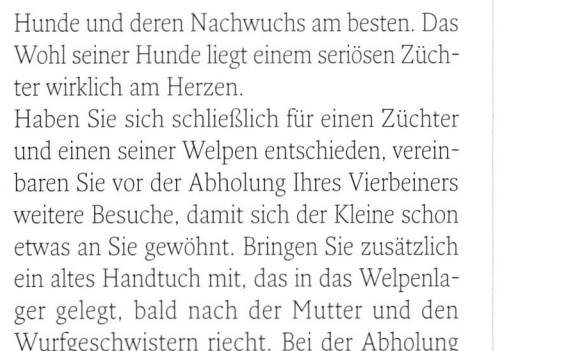

Sehen Sie sich ruhig mehrere Zuchtstätten an und vergleichen Sie diese kritisch miteinander.

schnittliche Welpenpreis liegt derzeit bei 1200,- €.

Achten Sie darauf, dass die Welpen mit vollem Familienanschluss aufwachsen und sich bei Ihrem Besuch interessiert, selbstbewusst und freundlich zeigen. Sie sind gut genährt und sehen rundum gesund aus. Die Welpen dürfen weder ängstlich noch aggressiv reagieren. Nehmen Sie außerdem die Mutter und, falls anwesend, auch den Vater sowie deren Gesundheitszeugnisse und Wesenstests gründlich in Augenschein. Beide Elterntiere müssen Ihnen gegenüber zutraulich und freundlich sein.

Achten Sie unbedingt auf Sauberkeit und Hygiene in der Zuchtstätte sowie auf einen Auslauf mit genügend Spielmöglichkeiten für die Kleinen.

Ein guter Züchter interessiert sich sehr für Sie, Ihr Umfeld und eventuell bereits vorhandene Hundeerfahrung. Außerdem wird er Sie in keiner Weise bedrängen oder Ihnen einen Welpen aufschwatzen. Andererseits fragt er Sie, für welchen Zweck Sie einen Golden Retriever anschaffen möchten, damit er Ihnen einen geeigneten Welpen aus dem Wurf konkret vorstellen kann, schließlich kennt er seine

Hunde und deren Nachwuchs am besten. Das Wohl seiner Hunde liegt einem seriösen Züchter wirklich am Herzen.

Haben Sie sich schließlich für einen Züchter und einen seiner Welpen entschieden, vereinbaren Sie vor der Abholung Ihres Vierbeiners weitere Besuche, damit sich der Kleine schon etwas an Sie gewöhnt. Bringen Sie zusätzlich ein altes Handtuch mit, das in das Welpenlager gelegt, bald nach der Mutter und den Wurfgeschwistern riecht. Bei der Abholung des Welpen nehmen Sie dieses Tuch wieder mit und legen es ihm zu Hause in sein neues Körbchen. Durch den weiterhin vorhandenen bekannten Geruch fällt ihm die Trennung von seiner Kinderstube nicht so schwer.

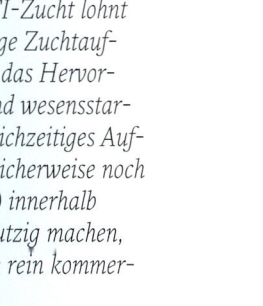

Nur vom seriösen Züchter

Tätigen Sie keine Mitleidskäufe! Bei dubiosen Schwarzzuchten oder Hundehändlern liegen Herkunft, Aufzucht und Vergangenheit der Hunde oft völlig im Dunkeln, sodass Sie anstelle eines gesunden und wesensfesten Rassehundes schnell eine Mogelpackung bekommen, die Ihnen mit zunächst versteckten Krankheiten und Verhaltensstörungen ein Hundeleben lang Kummer bereiten kann. Das Warten auf einen Welpen von einer kontrollierten VDH- bzw. FCI-Zucht lohnt sich allemal; hier gelten strenge Zuchtauflagen, die eine gute Basis für das Hervorbringen robuster, gesunder und wesensstarker Vierbeiner bilden. Ein gleichzeitiges Aufziehen mehrerer Würfe (möglicherweise noch von unterschiedlichen Rassen) innerhalb einer Zuchtstätte sollte Sie stutzig machen, spricht dies doch sehr für eine rein kommerzielle Angelegenheit.

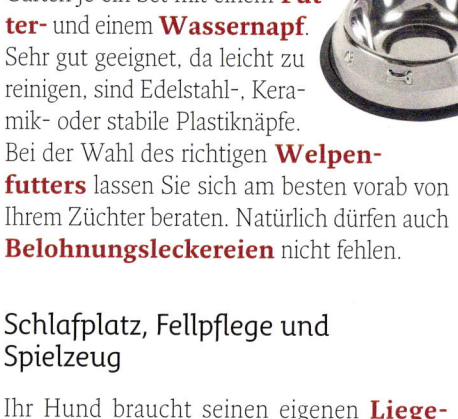

Golden Retriever apportieren für ihr Leben gerne. Darum sollten sie auch entsprechendes Spielzeug bekommen.

Welches Zubehör ist nötig?

Für die Abholung Ihres Welpen benötigen Sie ein **Welpenhalsband** oder **-geschirr** und eine **Leine**, am besten aus Nylon; dies ist im Vergleich zu Leder leichter, stabiler, nässefester und problemloser zu reinigen. Der ausgewachsene Hund braucht später ein größeres und breiteres Halsband oder Geschirr sowie eine passende, stabile Leine. Gewöhnen Sie Ihren Golden Retriever sofort an das Tragen eines Halsbandes. Ist dies geschafft, befestigen Sie am Halsband neben der Steuermarke, eine gravierte Plakette oder eine Hülse mit Ihrer Adresse und Telefonnummer, damit Sie im Falle des Verschwindens Ihres Vierbeiners schnell benachrichtigt werden können. Das Halsband darf nicht zu eng und nicht zu lo-

cker sitzen. Ein Finger muss problemlos zwischen Hals und Halsband passen. Besorgen Sie außerdem für Haus und Garten je ein Set mit einem **Futter-** und einem **Wassernapf**. Sehr gut geeignet, da leicht zu reinigen, sind Edelstahl-, Keramik- oder stabile Plastiknäpfe. Bei der Wahl des richtigen **Welpenfutters** lassen Sie sich am besten vorab von Ihrem Züchter beraten. Natürlich dürfen auch **Belohnungsleckereien** nicht fehlen.

Schlafplatz, Fellpflege und Spielzeug

Ihr Hund braucht seinen eigenen **Liegeplatz**. Manchen Vierbeinern reicht hier eine einfache Decke oder ein Kissen, andere kuscheln sich lieber in einen Korb. Wichtig ist auch hier die Möglichkeit einer leichten, unproblematischen Reinigung, denn angemessene Sauberkeit und Hygiene sind eine wichtige Basis für ein langes, gesundes Hundeleben.

Alle Decken und Kissen müssen maschinenwaschbar sein. Schrubben Sie einen Korb von Zeit zu Zeit aus und behandeln Sie ihn anschließend mit Ungezieferspray. Hundekörbe gibt es inzwischen nicht nur aus Rattangeflecht, sondern auch aus stabilem, beißfestem Plastik oder aus Schaumgummi mit Stoffüberzug. Als Übergangslösung hat sich für einen Junghund, der noch alles annagen und zerbeißen will, ein großer, mit einer Decke ausgelegter Karton bewährt, der schnell und preiswert ausgetauscht werden kann.

Ebenfalls praktisch und vielseitig verwendbar ist eine große Plastik-**Transportbox** oder eine Klappbox aus verchromtem Stahlgitter. Während Ihr Welpe darin bereits ein heimeliges Lager vorfindet, in dem Sie ihn während

Ihrer Abwesenheit auch mal für kürzere Zeit ausbruchssicher verwahren können, weiß später sogar Ihr erwachsener Golden Retriever diese Rückzugsmöglichkeit zu schätzen, vermittelt das Innere solch einer Box doch die Geborgenheit einer Höhle. Bei einer Klappbox kommt dieses Höhlenfeeling erst richtig auf, wenn Sie sie noch mit einem großen Tuch abdecken. Eine Box ist ebenfalls sehr hilfreich, Ihren Hund sicher im Auto unterzubringen. Eine ordnungsgemäße Sicherung des Vierbeiners in einem Auto ist übrigens Pflicht. Bei Verstoß drohen hohe Geldstrafen. Sie können Ihren Retriever auch mit einem speziellen Hundegurt auf der Rückbank anschnallen oder

Ihr Hund braucht unbedingt einen eigenen Schlafplatz, auf den er sich jederzeit zurückziehen kann.

EXTRA

Das richtige Hundespielzeug

Orientieren Sie sich bei der Auswahl von Hundespielzeug am besten an folgendem Grundsatz: Alles, was für Kleinkinder ungeeignet ist, kann auch für Hunde gefährlich werden. Absolut tabu sind daher spitze, scharfkantige und splitternde Gegenstände oder Dinge, in denen Drähte oder Nägel enthalten sind. Ebenfalls verboten sind Äste von giftigen Bäumen oder Sträuchern und lackierte Hölzer. Eie große Gefahr stellen Luftballons dar, weil sie zerbissen schnell heruntergeschluckt werden und eine Darmverschlingung hervorrufen können. Achten

Selbstverständlich braucht Ihr vierbeiniger Jungspund auch geeignetes Spielzeug.

Sie verwenden ein Trenngitter, das den Schrägheckkofferraum, in dem Ihr Vierbeiner sitzt, sicher vom Personenabteil abtrennt. Mancherorts ist für die Beförderung in öffentlichen Verkehrsmitteln ein Maulkorb vorgeschrieben, auch wenn Ihr Hund ganz friedlich ist.
Für den Fellwechsel im Frühjahr und Herbst, benötigen Sie spezielle **Bürsten, Striegel und Kämme** für langhaarige Hunde. Handtücher zum Abtrocknen und Säubern dürfen für Schlechtwettertage nicht fehlen. Schaffen Sie sich zudem eine **Zeckenzange** an, um Ihren wedelnden Freund schnell von den lästigen Plagegeistern befreien zu können.
Zu guter Letzt braucht Ihr vierbeiniger Jungspund natürlich **Spielzeug**.

Damit Ihr Hund seinen Ball nicht verschluckt, muss er groß genug sein.

Sie darauf, dass sich Ihr Golden Retriever nicht an den Spielsachen Ihrer Kinder wie beispielsweise Legobausteinen sowie an Schnüren, Nylonstrümpfen, Windlichtern oder Plastikbechern vergreift. Unproblematisch sind spezielle Hundespielsachen aus Hartholz, Jute, Hartgummi, Stoff und reißfestem Nylon.

Kauspielzeug aus natürlichen Materialien wie Rinder- und Büffelhaut bietet nicht nur eine interessante Beschäftigung, sondern hat gleichzeitig einen gesundheitlichen Nutzen, denn es stärkt und reinigt das Gebiss. Bälle müssen immer so groß sein, dass Ihr Hund sie nicht verschlucken kann. Quietschspielzeug ist nur bedingt geeignet, denn ist Ihr Vierbeiner ein besonders eifriger „Spielzeug-Designer" zerlegt er auch ein Quietschtier schnell und frisst möglicherweise sogar das quietschende Ventil. Einige Kynologen sind außerdem der Meinung, dass ein Hund durch das ständige Quietschen die Beißhemmung gegenüber quiekenden Artgenossen verlernt. Besser bewährt haben sich Spielsachen aus robustem Hartgummi. Haben Sie einen begeisterten Apporteur zu Hause, verzichten Sie wegen der Splittergefahr auf Stöckchen aus dem Wald. Besorgen Sie ihm lieber ein Bringsel aus dem Zoofachhandel. Diese Dummys kommen auch auf Hundeplätzen zum Einsatz. Alternativ dazu gibt es Bringsel aus Jute oder Leder und auch Moosgummibälle, die absolut maulschonend sind. Ein aus bunten Baumwollschnüren zusammengedrehter Knoten ist zwar sehr beliebt, kann jedoch gefährlich werden, wenn

Bei Hunden sehr beliebt ist der Knoten aus Baumwollschnüren. Er kann aber gefährlich werden, wenn der Hund zu viele Schnüre davon frisst.

der Vierbeiner den Knoten zerlegt und zu viele Schnüre davon verschluckt. Für sprungbegabte Fangkünstler eignen sich Frisbee®-Scheiben aus reißfestem Nylon, die unterwegs schnell zusammengefaltet und platzsparend in Herrchens oder Frauchens Hosentasche verstaut sind.

Welpensicheres Zuhause

Bevor Ihr kleiner Golden Retriever bei Ihnen einziehen darf, gibt es noch viel zu beachten.

Überprüfen Sie Ihr Zuhause schon vor dem Einzug eines Welpen auf mögliche Gefahrenquellen für den kleinen Vierbeiner und beseitigen Sie diese gegebenenfalls. Für den noch unerfahrenen, verspielten Golden Retriever, der ständig auf der Suche nach neuen Abenteuern ist, lauern etliche Gefahren in Haus und Garten. Welpen erkunden ihre Umgebung in erster Linie mit der Nase und mit den Zähnen, das heißt: Alles, was der junge Hund aufstöbert, muss beknabbert oder sogar gefressen werden. Besonders gefährlich und gefährdet sind hier Kabel und mobile Mehrfachsteckdosen. Verlegen Sie Kabel daher entweder in Kabelkanälen oder lagern Sie diese höher, solange der Welpe noch in der Flegelphase ist. Versehen Sie Steckdosen am Boden und in Nasenhöhe des vierbeinigen Knirpses vorsichtshalber mit Kindersicherungen. Bewahren Sie Putzmittel und Medikamente ebenfalls außer Reichweite des jungen Golden Retrievers auf. Erhöhte Vorsicht gilt bei Pflanzen, besonders, wenn sie giftig sind. Stellen Sie auch diese vorübergehend hoch oder quartieren Sie sie an einen anderen Ort um. Ein weiteres großes Gefahrenpotenzial stellen heruntergefallene Kleinteile wie Büroklammern, Stecknadeln oder Geldstücke dar, weil sie der Welpe aus Neugier fressen könnte.

Von ganz besonderer Anziehungskraft sind Schuhe. Junghunde spüren häufig mit einer erstaunlichen Zielsicherheit gerade das teuerste Paar auf und zerlegen es; vielleicht waren Sie aber auch schneller und haben die Schuhe rechtzeitig in Sicherheit gebracht. Hängen Sie auch Jalousie- und Rollobänder vorübergehend höher, denn das Fangen und Zerbeißen

Interessierte Welpen nehmen alles genauestens unter die Lupe.

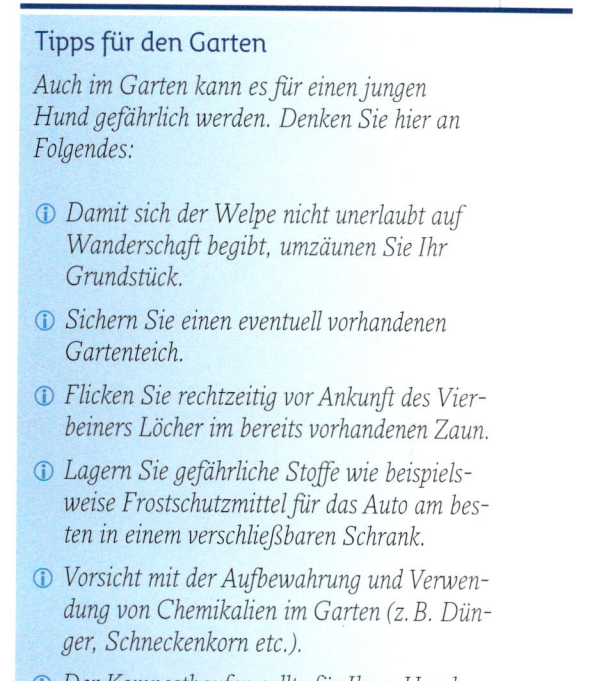

Treffen Sie in Ihrem Garten bestimmte Sicherheits-vorkehrungen für Ihren Welpen. Achten Sie dabei auch auf giftige Pflanzen!

der baumelnden Schnüre ist ebenfalls sehr beliebt. Besonders interessiert ist der Welpe überall dort, wo es etwas auszuräumen gibt. Sichern Sie daher Möbeltüren oder Schubladen, die Ihr abenteuerlustiger Vierbeiner eventuell andernfalls mit seiner Schnauze oder Pfote öffnet. Ein mit einem Vorhang abgehängtes Regal regt enorm die Neugier eines jungen Hundes an. Evakuieren Sie also rechtzeitig empfindliche Gegenstände. Höchst attraktiv sind auch Abfalleimer, deren Inhalt Ihren Golden Retriever auf vielfältige Art schädigen kann. Steigen Sie deshalb besser auf Abfalleimer mit fest verschlossenem Deckel um. Nicht zuletzt ist das wilde Toben des kleinen Rackers gefährlich: Ist ein Welpe erst einmal in Fahrt, kennt er kein Halten mehr. Sichern Sie Treppen daher am besten mit einem Babygitter. Natürlich müssen Sie generell alles Zerbrechliche aus dem Weg räumen.

Zusammenfassend gilt Alles, was für Babys oder Kleinkinder in einem Haushalt gefährlich ist, kann auch für einen jungen Hund lebensbedrohlich werden. Richten Sie sich jedoch durch entsprechende Vorkehrungen rechtzeitig darauf ein, wird das Zusammenleben mit Ihrem Golden-Retriever-Welpen in der heißen (Flegel-)Phase sicherlich stressfreier sein.

Tipps für den Garten

Auch im Garten kann es für einen jungen Hund gefährlich werden. Denken Sie hier an Folgendes:

ⓘ *Damit sich der Welpe nicht unerlaubt auf Wanderschaft begibt, umzäunen Sie Ihr Grundstück.*

ⓘ *Sichern Sie einen eventuell vorhandenen Gartenteich.*

ⓘ *Flicken Sie rechtzeitig vor Ankunft des Vierbeiners Löcher im bereits vorhandenen Zaun.*

ⓘ *Lagern Sie gefährliche Stoffe wie beispielsweise Frostschutzmittel für das Auto am besten in einem verschließbaren Schrank.*

ⓘ *Vorsicht mit der Aufbewahrung und Verwendung von Chemikalien im Garten (z. B. Dünger, Schneckenkorn etc.).*

ⓘ *Der Komposthaufen sollte für Ihren Hund unzugänglich sein.*

ⓘ *Bewahren Sie gefährliche Gartengeräte wie Scheren, Sägen, Rechen und Hacken außerhalb der Reichweite Ihres Hundes auf.*

ⓘ *Hängen Sie den Gartenschlauch sicherheitshalber auf.*

ⓘ *Vorsicht mit stacheligen Hecken und Büschen. Toben kann hier schnell ins Auge gehen.*

Die ersten Tage daheim

Für die Heimfahrt mit Ihrem Welpen sollten Sie sich viel Zeit lassen, schließlich ist für den Kleinen alles noch neu und ungewohnt.

Ein seriöser Züchter gibt seine Welpen geimpft und entwurmt nicht vor der achten Lebenswoche ab. Am Abgabetag stattet er Sie mit dem Impfpass, der FCI-Ahnentafel (falls diese bereits vorliegt), Pflege-, Fütterungstipps und Futter für den Übergang aus. Außerdem sollten Sie auch eine Kopie des Wurfabnahmeberichtes erhalten.

Vergessen Sie zur Abholung Ihres Hundekindes Welpenhalsband und Leine nicht. Sind Sie berufstätig, nehmen Sie sich mindestens in den ersten zwei Wochen nach Einzug des Vierbeiners frei. Dies erleichtert nicht nur die Erziehung zur Stubenreinheit, sondern ist auch für die gesunde, seelische Entwicklung des Hundebabys sehr wichtig.

Lassen Sie sich für die Heimfahrt viel Zeit. Eine längere Autofahrt ist für Ihren Welpen neu und ungewohnt. Manchen Hundekindern wird zunächst einmal übel, einige speicheln daraufhin nur, andere müssen sich übergeben. Machen Sie unterwegs mehrere Pausen, in denen sich Ihr kleiner Golden Retriever lösen und bewegen kann. Fahren Sie langsam und knallen Sie nicht mit den Autotüren.

Ankunft im neuen Zuhause

Sind Sie mit Ihrem Welpen zu Hause angekommen, geben Sie ihm erst einmal genügend Zeit und Möglichkeit, sein neues Domizil ausgiebig zu erkunden. Auf keinen Fall dürfen alle Familienmitglieder gleichzeitig auf ihn einstürmen. In den ersten Stunden ist Behutsamkeit angebracht, damit der neue Mitbewohner nicht verängstigt wird. Zeigen Sie Ihrem Welpen seinen Schlafkorb. Setzen Sie ihn immer wieder hinein und beschäftigen Sie sich dort eine Weile mit ihm. Verbinden Sie dies schon von Anfang an mit dem Kommando „Körbchen". So merkt er bald, dass der Korb sein Platz ist und lernt schnell, auch auf Befehl dorthin zu gehen. Hat sich die erste Aufregung im neuen Heim für den Kleinen etwas gelegt, bekommt er sein Futter. Ein achtwöchiger Welpe muss vier Mahlzeiten erhalten. Eine

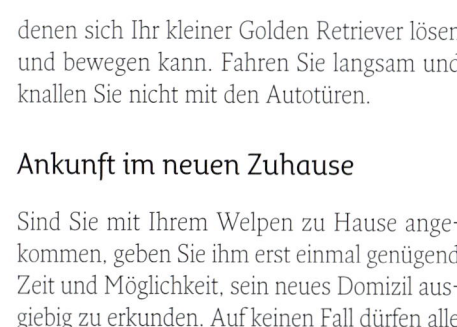

> ### Tipp für Secondhand-Hundebesitzer
>
> *Um herauszufinden, welche Talente und Vorlieben Ihr Vierbeiner hat, kann eine kompetente Hundeschule sehr hilfreich sein. Hier werden meist auch Spiel-, Spaß- und Sportkurse angeboten, die jeden Vierbeiner seinen Neigungen entsprechend fordern. Die intensive gemeinsame Beschäftigung mit Ihrem Hund wird Ihre Bindung zueinander weiter fördern und Sie bald zu einem unzertrennlichen Dream-Team zusammenschweißen.*

Futterumstellung darf nur langsam erfolgen. Am besten mischen Sie hierfür nach und nach das mitgegebene Futter des Züchters mit Ihrem eventuell neuen Futter. Nach dem Füttern bringen Sie den Welpen sofort nach draußen, damit er sich lösen kann. Genauso verfahren Sie, wenn Ihr junger Retriever nach dem Schlafen aufwacht.

Beachten Sie, dass ein Welpe zunächst wie ein Baby noch sehr viel Schlaf braucht, ein Be-

Spielen macht müde. Tragen Sie dem Schlafbedürfnis Ihres Welpen unbedingt Rechnung.

dürfnis, dem Sie unbedingt Rechnung tragen sollte. Zur Erleichterung der Eingewöhnung nachts stellen Sie das Körbchen am besten an Ihr Bett. Ist Ihr Hund sehr unruhig, legen Sie ihm einen Wecker unter sein Kissen. Das Ticken erinnert ihn an den Herzschlag der Mutter und beruhigt ihn. Werden Sie ob dieses kleinen, niedlichen und vermeintlich hilflosen Geschöpfes nicht schwach und lassen den Welpen ins Bett. Damit tun Sie sich und dem Hund keinen Gefallen. Dies wäre bereits der erste Schritt für den kleinen Neuankömmling in der Rangordnung mit Ihnen zu konkurrieren. Streicheln Sie Ihren, in seinem Körbchen liegenden Vierbeiner lieber von Ihrem Bett aus

in den Schlaf. Die zärtliche Berührung mit Ihrer Hand gibt ihm all die Geborgenheit und das Vertrauen, das er braucht, um als Hundebaby einem neuen aufregenden Tag entgegen zu schlafen.

Viel Geduld mit Tierheimhunden

Auch ein Secondhand-Hund benötigt viel Zeit zur Eingewöhnung. Beobachten Sie den Neuankömmling ganz genau, um ein besseres Bild von seiner Persönlichkeit zu bekommen. Schnell werden Sie erkennen, ob Sie nun ein besonderes Sensibelchen oder eher ein forsches Raubein im Haus haben. Erlauben Sie Ihrem Neuzugang nichts, was er auch später nicht tun darf. Ein ehemaliger Tierheimhund wird in einer neuen Familie zunächst mit Reizen überflutet, die er erst einmal in Ruhe verarbeiten muss. Trotzdem ist es wichtig, Ihren Golden Retriever von Anfang an so natürlich wie möglich an Ihrem normalen Tagesablauf teilhaben zu lassen. Führen Sie sofort feste Fütterungs-, Spiel- und Spaziergehzeiten ein, sodass Ihr vierbeiniger Kamerad bald seinen festen Rhythmus kennt. Einem Golden Retriever entgeht nichts. Er durchschaut schnell, wer in der Familie das Sagen hat und wer nicht und wo es Schwachstellen in der familieninternen Rangordnung gibt. Deshalb ist es unerlässlich, klare Regeln vorzugeben, die der Vierbeiner strikt einhalten muss. Nimmt Ihr Golden Retriever sofort einen eindeutigen Platz in der neuen Lebensgemeinschaft ein, mit einem Mensch an der Spitze, an dem er sich orientieren kann, ist er rasch ausgeglichen und glücklich.

Die ersten Ausflüge

Auf Ihren ersten Spaziergängen sehen Sie, wie sich Ihr vierbeiniger Neuzugang Artgenossen gegenüber verhält. Auch für einen erwachse-

Geben Sie auch einem Tierheimhund von Anfang an klare Regeln vor, die er strikt einhalten muss.

Der Kontakt zu Artgenossen ist ausgesprochen wichtig. Gemeinsames Toben über die Wiese würde den beiden bestimmt so richtig Spaß machen.

Früh übt sich ...

Regen Sie gleich bei Ihrem Retriever-Welpen den Apportiertrieb an, um Ihren Golden frühzeitig artgerecht und seinen Anlagen entsprechend zu fördern. So können Sie schon auf Spaziergängen einen Dummy werfen oder verstecken, den Ihr Hund dann suchen muss. Lassen Sie unterwegs auch mal ein Apportel fallen, während Ihr Vierbeiner vorausläuft. Gehen Sie ebenfalls ein Stück weiter, ehe Sie dann stehen bleiben, Ihren Golden abrufen und sich den Dummy bringen lassen.
Durch die Dummy-Arbeit wird der natürliche Beutetrieb der Hunde kanalisiert und die Nasenleistung verbessert. Um das weiche Maul der Rasse zu erhalten, sollten Sie bei Jagdgebrauchshunden nur weiche Bringsel und keine Apportierhölzer verwenden.
Rufen Sie Ihren Vierbeiner vor der Dummy-Arbeit immer erst ab, dann verbindet er das Herkommen schnell mit der Vorfreude auf sein leidenschaftliches Hobby.

nen Golden Retriever ist der regelmäßige Kontakt zu anderen Hunden wichtig. Stellen Sie Ihrem haarigen Goldkind möglichst bald, jedoch an der Leine gehalten, eventuelle andere Haustiere vor. Laden Sie auch Freunde mit Ihren Vierbeinern zu sich nach Hause ein. Da Ihr Hund anfangs noch kein Revierbewusstsein hat, wird er alles akzeptieren, was er in seinem neuen Heim vorfindet. Hat Ihr wedelnder Kamerad in seiner Prägephase keine gute Sozialisierung erfahren, ist der Besuch einer Hundeschule empfehlenswert. Ein Secondhand-Hund kann hier zusammen mit seinem Halter noch sehr viel lernen. Erziehungstechnisch brauchen Sie bei einem erwachsenen Hund meist nicht ganz bei Null anfangen, sondern können auf die bereits vorhandenen Grundlagen aufbauen.

Wichtig ist, dass Ihr Vierbeiner nun Sie als neuen Hundeführer und somit Kommandogeber akzeptiert. Konsequenz und Einfühlungsvermögen ihrerseits sind dabei unerlässlich. Auch die richtige Motivation ist ein sicherer Garant für eine erfolgreiche und partnerschaftliche Erziehung. Nur so macht es Ihrem Golden Retriever Spaß, Ihnen zu gehorchen.

Apportieren streckt dem Golden im Blut, daher ist das Dummy-Training genau das Richtig für ihn.

Sozialisierung

Verantwortungsvolle Züchter machen ihre Hunde mit den verschiedensten Umweltreizen vertraut.

Damit ein Hund einen stressfreien Alltag mit einem sozialverträglichen Verhalten gegenüber Mensch und Tier leben kann, muss schon der Welpe mit möglichst vielen Umweltreizen vertraut gemacht werden. Die wichtigste Zeitspanne für die Sozialisierung liegt zwischen der dritten und etwa der 16. Lebenswoche. Für die erste Phase ist also der Züchter verantwortlich: Bei ihm soll der Welpe nicht nur durch den Umgang mit seiner Mutter und den Wurfgeschwistern hündisches Verhalten lernen. Auch möglichst viele positive Erfahrungen mit verschiedenen Menschen, einschließlich Kindern sind für die weitere Entwicklung des kleinen Vierbeiners wichtig. Daher sind bei einem verantwortungsvollen Züchter ab der vierten Woche Besucher willkommen, selbstverständlich wohl dosiert, um die Welpen nicht zu überfordern. Damit das Hundekind bereits mit diversen Umweltreizen vertraut wird, ist eine abwechslungsreiche Umgebung gut. Dies kann beispielsweise ein interessanter, kleiner Abenteuerspielplatz im Welpenauslauf sein.

Hundekinder, die bis zu ihrer Abholung (und auch danach) völlig abgeschottet von ihrer Umwelt leben, tragen in der Regel irreparable Schäden davon, die sie an einer normalen Entwicklung hindern. Solche Hunde bleiben häufig ihr Leben lang unglückliche Sorgenkinder, die sich ständig als unsichere Angsthasen oder auch Beißer gebärden. Nach der Abholung Ihres Golden Retrievers vom Züchter liegt die weitere Entwicklung des Welpen nun in Ihrer Hand. Machen Sie ihn schon zu Hause mit möglichst vielen Situationen bekannt: Sperren Sie ihn beispielsweise nicht weg, wenn Sie staubsaugen oder wenn Besuch kommt. Natürlich heißt dies nicht, dass Sie sofort nach der Ankunft des Vierbeiners den Staubsauger schwingen oder gar eine große Party feiern sollen. Wie immer macht's die richtige Dosierung, damit der junge Retriever langsam, aber sicher alle Geräusche und Abläufe um ihn herum als völlig normal ansieht.

Leben noch andere Tiere bei Ihnen, gewöhnen Sie alle Vierbeiner ganz behutsam aneinander. Um Ihren Welpen optimal auf Stadtausflüge vorzubereiten, können Sie Großstadtgeräusche zunächst von einem Band abspielen. Am besten geschieht dies während der Fütterung, denn dann verknüpft Ihr kleiner Golden die ungewohnten Geräusche gleich mit etwas Positivem. Steigern Sie die Lautstärke allerdings erst allmählich. Gewöhnen Sie Ihren jungen Vierbeiner ebenfalls frühzeitig an die Mitnahme und das gesittete Verhalten im Auto und in öffentlichen Verkehrsmitteln.

Neue Eindrücke sammeln

Während Ihrer Spaziergänge lassen Sie den Welpen in Ruhe seine Umgebung erkunden. Streuen Sie zwischendurch kleine Spielchen ein, die all seine Sinne und vor allem auch das Interesse an Ihnen wecken. Auf diese spielerische Art merkt Ihr Golden Retriever schnell,

dass es sich lohnt, Ihnen zu folgen. Wechseln Sie öfters mal die Wege und provozieren Sie Begegnungen mit Artgenossen, anderen Tieren und Menschen.

Beginnen Sie hier bereits spielerisch die Erziehung, indem Sie Ihrem Golden beispielsweise durch Ablenkung mit einem verlockenden Spielzeug schon beibringen, fremde Menschen nicht anzuspringen. Respektieren Sie auch, wenn ein anderer Hundebesitzer von einem Zusammentreffen mit Ihnen Abstand nimmt. Vielleicht genoss sein Hund nicht so eine gute Sozialisierung wie Ihrer. Nehmen Sie Ihren Welpen dann lieber an die kurze Leine und gehen Sie ohne direkten Kontakt am anderen Vierbeiner vorbei, schließlich muss Ihr Retriever auch lernen, sich in solchen Situationen manierlich zu verhalten. Das Kennenlernen verschiedener Bodenuntergründe und von Wasser fällt ebenso in die wichtige Sozialisierungsphase.

Unbedingt empfehlenswert ist der Besuch einer Welpenspielstunde in einer guten Hundeschule. Hier lernt der junge Vierbeiner zusammen mit gleichaltrigen Artgenossen, wie er sich hündisch korrekt verhält. Außerdem

Ihr Neuzugang hat es einfacher, wenn er sich von einem älteren, bereits im Haushalt lebenden Hund vieles abschauen kann.

Ihr vierbeiniger Freund braucht den Kontakt zu Artgenossen gleichen Alters, aber auch zu Älteren.

wird er dort mit unterschiedlichen Geräuschen und Gegenständen wie zum Beispiel einem aufgespannten Regenschirm oder flatternden Folien vertraut gemacht. Gehen Sie allerdings erst mit Ihrem Welpen auf den Hundeplatz, wenn er die zweite Impfung bereits erhalten hat und somit gegen diverse Infektionskrankheiten grundimmunisiert ist.

Um eine gute Verträglichkeit mit Artgenossen zu fördern, empfiehlt sich zudem häufiger Hundebesuch bei Ihnen daheim. Da Ihr Gol-

den Retriever dann nicht mehr als vierbeiniger Alleinherrscher im Mittelpunkt steht, kann dies sogar „Einzelkindallüren" entgegenwirken.

So finden Sie die passende Hundeschule

Das Geschäft mit Hundeschulen und Tiertrainern boomt: vielerorts werden Übungsplätze eröffnet. Bei der Fülle von Angeboten ist es dennoch oft schwierig, eine für sich und seinen

Beim Spaziergang darf der Welpe in Ruhe seine Umgebung erkunden, auch wenn er, wie hier, als „Dreckspatz" zurückkommt.

Verschiedene Bodenuntergründe sowie das Element Wasser kennenzulernen, ist in der Sozialisierungsphase wichtig.

Beobachten Sie genau, ob Ihr Golden Spaß am Training hat, denn Freude an der Sache muss immer an erster Stelle stehen.

Vierbeiner passende Hundeschule zu finden. In der Regel wissen Tierärzte, örtliche Tierheime oder andere Hundehalter, welche Möglichkeiten es in Ihrer Region gibt. Auch überregionale Verbände und Organisationen sind kompetente Ansprechpartner. Haben Sie eine konkrete Hundeschule im Auge, prüfen Sie das Angebot anhand der Fragen im Kasten genau. Stellen Sie fest, dass Sie mit dem Trainer oder der angebotenen Methode nicht zurechtkommen, wechseln Sie die Hundeschule. Handeln Sie immer im Interesse Ihres Hundes. Nur ein Golden Retriever, der Spaß an der Sache hat, lernt gerne und leicht. Auch Sie können in einer kompetenten und sympathischen Hundeschule nette Freundschaften und Kontakte mit Gleichgesinnten knüpfen und einen wichtigen Erfahrungsaustausch pflegen.

ⓘ Ist der Trainer schon am Telefon bereit, ausführlich Fragen zu beantworten und fragt er Sie auch viel über Sie und Ihren Hund?

ⓘ Nach welcher Methode wird trainiert?

ⓘ Kann der Trainer eine fundierte Ausbildung nachweisen?

ⓘ Gibt es ein (eingezäuntes!) Trainingsgelände, auf dem die Hunde in Trainingspausen auch mal miteinander spielen dürfen?

ⓘ Wie groß sind die Trainingsgruppen? Zu große Gruppen lassen kaum noch Spielraum für die genaue Beobachtung und Beratung eines jeden Einzelnen.

ⓘ Gibt es auch Einzelstunden für individuelle Probleme?

ⓘ Stehen die Kosten in einem vernünftigen Verhältnis zum Angebot?

ⓘ Sind ein anfängliches Zusehen sowie ein Probetraining möglich?

ⓘ Stimmt die Chemie zwischen Ihrem Vierbeiner und dem Trainer sowie zwischen Ihnen und dem Trainer?

ⓘ Freut sich Ihr Vierbeiner, wenn es auf den Hundeplatz geht und hat er Spaß am Training?

ⓘ Macht Ihr Hund langfristig Fortschritte?

Welpenspielplatz zu Hause

Leicht können Sie Ihrem Welpen zu Hause mit einfachen und ganz alltäglichen Dingen einen Abenteuerspielplatz kreieren. Führen Sie Ihr Hundekind an alle Stationen langsam heran und zeigen Sie ihm alles ganz behutsam. Loben Sie Ihren Welpen ausgiebig, wenn er mutig die neue Umgebung erkundet. Haben Sie Geduld mit Angsthasen und überfordern Sie diese nicht. Machen Sie den Spielplatz für ängstliche Vierbeiner noch interessanter, damit in jedem Fall deren Neugier geweckt wird. Taut der schüchterne Welpe auf und zeigt Interesse, loben Sie ihn gründlich.

Ob der große Karton wohl gefährlich ist …?

ⓘ Legen Sie eine große Malerfolie auf dem Boden aus: Dies ist ein unbekannter, raschelnder und glatter Untergrund, den es zu betreten gilt. Streuen Sie für Zaghafte Leckerli auf der Folie aus.

ⓘ Stellen Sie einen großen, offenen Karton auf, den Ihr Vierbeiner nach Herzenslust erkunden und anschließend auch zerlegen darf.

ⓘ Befestigen Sie an einer Wäscheleine alte Stofffetzen: Hier lernt der Kleine, sich nicht von flatternden Dingen aus der Ruhe bringen zu lassen. Eine Stufe schwieriger wird's mit Folienresten, denn diese rascheln auch noch.

ⓘ Legen Sie eine Leiter auf den Boden und führen Sie Ihren jungen Golden Retriever langsam darüber – wichtig ist, dass er über die Sprossen schreitet und nicht springt. Hier ist Koordination gefragt, denn er lernt, seine Pfoten genau in die Leerräume zwischen den Sprossen zu setzen.

ⓘ Legen Sie einen Eimer auf den Boden und lassen Sie ihn erkunden.

ⓘ Stellen Sie eine Hundetransportbox mit geöffneter Tür auf und verteilen Sie in der Box Leckerli: So wird der Welpe schon spielerisch mit der Box vertraut gemacht, verknüpft sie mit etwas Positivem (Futter) und empfindet später die Reise darin als etwas ganz Normales.

ⓘ Haben Sie ein Zelt, so stellt auch das ein interessantes Erkundungsobjekt dar, das sowohl durch die Überdachung als auch durch den Zeltboden neu und aufregend ist.

ⓘ Stellen Sie zum genauen Erforschen einen aufgespannten Sonnenschirm auf den Boden, legen Sie als Lockmittel Leckerli darunter aus.

ⓘ Lassen Sie zunächst in großer (!) Entfernung vom Welpen eine aufgeblasene Butterbrottüte platzen, sodass er den Knall erst nur sehr gedämpft hört. Zusätzlich kann er währenddessen von einer

zweiten Person abgelenkt werden. Wenn sich
der Hund entspannt hat, ausgiebig loben und
belohnen. Erhöhen Sie ganz langsam die In-
tensität des Geräusches. Auf diese Weise lernt
ein Welpe Silvesterknallerei und Donnergrol-
len zu trotzen. Selbstverständlich funktioniert
diese Übung auch wieder über eine aufgenom-
mene Kassette oder CD, aber die Geräuschku-

lisse wie immer bitte maßvoll beginnen und
nur langsam steigern.
Bitte beachten Sie, dass dieser Spielplatz
daheim auf keinen Fall das Welpenspielen auf
einem Hundeplatz ersetzt. Es stellt lediglich
eine gute Ergänzung dar, die Ihren Vierbeiner
anderen Alltagssituationen gegenüber selbstbewusster und gelassener werden lässt.

*Das Spielen mit dem Hundekumpel kann durch nichts ersetzt werden, auch nicht durch den
Welpenspielplatz.*

Erste Erziehungsschritte

*Ihr Hund hat noch mehr
Spaß am Lernen, wenn Sie
ihm eine ruhige, angenehme
und entspannte Atmosphäre
verschaffen.*

Gerade Erstlingshalter lassen sich oftmals vom süßen Blick und putzigen Verhalten ihres neuen Familienmitglieds einwickeln und verschieben die Erziehung des kleinen Rackers zunächst einmal auf unbestimmte Zeit. Machen Sie diesen Fehler nicht. Am aufnahmefähigsten ist ein Welpe bis zur 18. Lebenswoche, nützen Sie also diese Zeit und fangen Sie sofort mit einer spielerischen Erziehung an. Ausschlaggebend für die Lernbereitschaft und damit auch die Lernfähigkeit ist das Lernklima. Stress und Angst sind Gift für ein erfolgreiches Lernen. Sicherlich können Sie das aus eigener Erfahrung gut nachvollziehen. Verschaffen Sie Ihrem Hund daher eine ruhige, angenehme und entspannte Atmosphäre, in der er, verstärkt durch die richtige Motivation, Spaß am Lernen hat.

Stubenreinheit

Ein Welpe braucht zunächst wie ein Menschenbaby auch ein gewisses Bewusstsein dafür, wo er sich lösen darf und wo nicht. Bei der Erziehung zur Stubenreinheit ist viel Behutsamkeit angebracht. Überfordern Sie Ihren kleinen Golden Retriever nicht. Bringen Sie ihn nach jeder Mahlzeit und gleich nach dem Aufwachen zum Lösen ins Freie. Beobachten Sie Ihr Hundekind ganz genau: Selbst, wenn er beispielsweise breitbeinig am Boden schnüffelt, ist schnelles Handeln angebracht, denn postwendend kann ein Pfützchen folgen. Verrichtet der Kleine draußen sein Geschäft, loben Sie ihn unbedingt überschwänglich.

Als anfängliches Welpenlager nachts empfiehlt sich ein hoher Pappkarton oder eine Transportbox in Ihrem Schlafzimmer, aus der Ihr Vierbeiner nicht selbstständig herauskommt. Weil er sein eigenes Lager nicht beschmutzen möchte, wird er unruhig und fängt an zu winseln, wenn er muss. Tragen Sie ihn dann schnell hinaus. Entdecken Sie ein Pfützchen

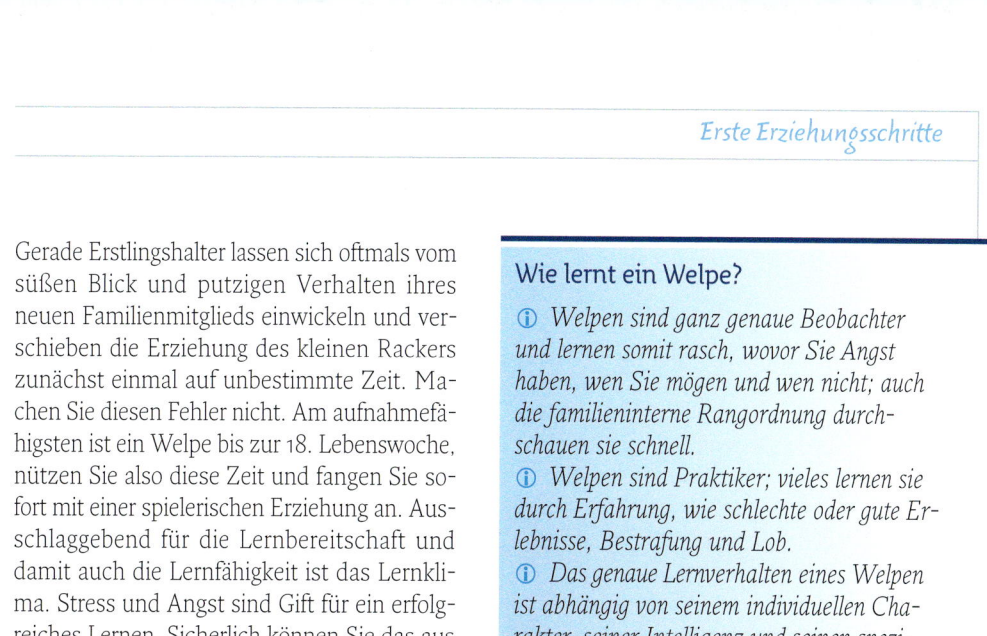

Wie lernt ein Welpe?

ⓘ *Welpen sind ganz genaue Beobachter und lernen somit rasch, wovor Sie Angst haben, wen Sie mögen und wen nicht; auch die familieninterne Rangordnung durchschauen sie schnell.*

ⓘ *Welpen sind Praktiker; vieles lernen sie durch Erfahrung, wie schlechte oder gute Erlebnisse, Bestrafung und Lob.*

ⓘ *Das genaue Lernverhalten eines Welpen ist abhängig von seinem individuellen Charakter, seiner Intelligenz und seinen speziellen, angeborenen Neigungen.*

im Haus, entfernen Sie es stillschweigend und gründlich, damit Ihr Welpe nicht wieder, von seinem eigenen Geruch angezogen, an derselben Stelle uriniert. Ertappen Sie ihn gerade beim Lösen, heben Sie ihn mit einem bestimmten „Nein" hoch und bringen Sie ihn ins Freie. Fährt er dort mit seinem Geschäft fort, loben Sie ihn wieder ausgiebig. Stupsen Sie nie die Hundenase in die Hinterlassenschaften des Welpen, denn dies hat keinerlei Lernef-

Je genauer Sie den Welpen beobachten und je schneller Sie auf seine Zeichen reagieren, umso rascher wird Ihr Vierbeiner stubenrein.

Plötzliche Unsauberkeit

*Unsauberkeit im Erwachsenenalter kann viele Gesichter haben. Um eine organische Ursache abzuklären, suchen Sie zunächst einen Tierarzt auf. Kann diese zweifelsfrei ausgeschlossen werden, begeben Sie sich in Ihrem Umfeld bzw. in der Seele Ihres Hundes auf Spurensuche. Fühlt sich Ihr Hund einsam oder vernachlässigt, verkraftet er einen eventuellen Umzug nicht, ist er eifersüchtig oder wird er gar von Artgenossen aus der Umgebung gemobbt? Oftmals steckt ein psychisches Problem des möglicherweise unverstandenen Vierbeiners dahinter. Auf keinen Fall dürfen Sie Ihren Hund für seine plötzliche Unsauberkeit bestrafen. An erster Stelle muss stets die Ursachenforschung stehen. Daraufhin folgt eine Verhaltensänderung seitens des Besitzers und schließlich auch des Hundes. Unterstützend hat sich der Einsatz von **Bachblüten** bewährt. Um jedoch differenziert auf das jeweilige Problem des Vierbeiners eingehen zu können, empfiehlt sich anstelle einer willkürlichen Eigenmedikation ein ausführliches Gespräch mit einem veterinärmedizinisch erfahrenen Bachblütentherapeuten.*

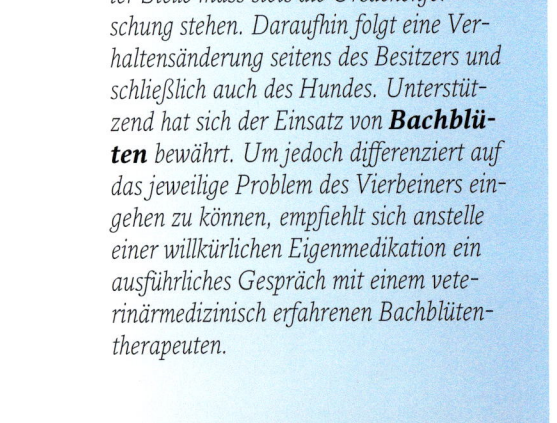

fekt, ist Tierquälerei und somit als Strafe völlig ungeeignet. Es führt nur zu einem Vertrauensbruch zwischen Ihnen und Ihrem Golden Retriever.

Lassen Sie Ihr Hundekind anfangs vorsichtshalber alle ein bis zwei Stunden nach draußen. Je aufmerksamer Sie Ihren Welpen beobachten und je schneller Sie dann reagieren, umso rascher wird Ihr Goldkind stubenrein.

Leinenführigkeit

Ein ordentliches Gehen an der Leine können Sie Ihrem Welpen mit ein paar Tricks schnell beibringen. Bleiben Sie dabei dauerhaft konsequent, gewöhnt sich Ihr Golden Retriever auch später kein übermäßiges Ziehen an. Machen Sie Ihr Hundekind zunächst einmal spielerisch mit seiner Leine vertraut. Lassen Sie den Welpen ausgiebig daran schnuppern und zeigen Sie ihm, dass hiervon absolut keine Gefahr für ihn ausgeht. Dann leinen Sie Ihren Vierbeiner an und locken ihn mit einem Leckerli oder seinem Lieblingsspielzeug, sodass er ein paar Schritte an der Leine geht. Loben und belohnen Sie ihn ausgiebig, wenn er die Leine vergisst und Ihnen folgt. Geben Sie nicht nach, wenn er sich stur stellt, sich hinsetzt oder fallen lässt. Setzen Sie sich unbedingt spielerisch durch, denn einige Vierbeiner testen bei dieser Übung bereits, wie weit sie mit ihrem Sturköpfchen gehen können. Versuchen Sie Ihren Welpen in einem solchen Fall abzulenken, machen Sie sich interessant und locken Sie ihn zu sich. Eine weitere Möglichkeit besteht darin, die Leine fallen zu lassen, weiterzugehen und den Namen des Welpen zu rufen. Da der Kleine nicht alleingelassen werden möchte, wird er Ihnen automatisch folgen. Nun loben Sie ihn überschwänglich und geben Sie ihm ein Leckerchen oder sein Lieblingsspielzug. Diese Übung sollten Sie natürlich nicht an einer Straße durchführen. Die richtige Mo-

Ihr kleiner Golden sollte spielerisch mit der Leine vertraut gemacht werden – sie ist allerdings kein Spielzeug.

tivation spielt für den jungen Hund stets eine entscheidende Rolle. Jeder Schritt in die richtige Richtung wird ausgiebig gelobt.

Akzeptiert Ihr Golden Retriever die Leine, geht es daran, ihn gar nicht erst zum Ziehen zu verleiten. Sobald sich die Hundeleine spannt, rufen Sie Ihren Hund zu sich und klopfen Sie sich dabei gleichzeitig aufmunternd ans Bein. Machen Sie Ihren Hund auf Sie aufmerksam, indem Sie ein Leckerli oder das Lieblingsspielzeug Ihres Vierbeiners in der Hand halten. Reden Sie immer wieder mit Ihrem Retriever und motivieren Sie ihn mit Spaß, an lockerer Leine bei Ihnen zu bleiben. Loben Sie ausgiebig, wenn Ihr kleiner Schüler zu Ihnen kommt und auch bei Ihnen bleibt. Die täglichen Spaziergänge werden für Sie beide interessanter, wenn Sie öfters neue Wege gehen.

Erfolgreiche Verzögerungstaktik

Eine gute Leinenführigkeit erreichen Sie ebenfalls, wenn Sie stehen bleiben, sobald sich die Leine spannt. Reden Sie nicht mit Ihrem Hund und ziehen Sie auch selbst nicht an der Leine, sondern warten Sie einfach ab. Stoppt der Spaziergang, wird sich Ihr wedelnder Begleiter

schnell umdrehen, um zu sehen, warum es eine Verzögerung gibt. In diesem Moment lockert sich die Leine. Loben Sie Ihren Vierbeiner sofort ausgiebig und setzen Sie Ihren Gang in die genau entgegengesetzte Richtung fort. Diese Übung verlangt viel Ruhe und Geduld. Zunächst sind etliche Wiederholungen nötig, doch bald hat Ihr Golden Retriever verstanden, dass auf ein Ziehen an der Leine ein sofortiger Stillstand und anschließender Richtungswechsel erfolgt, kein Leinenzug jedoch viel Lob und Spaß bringt.

Um übermäßiges Ziehen an der Leine einzudämmen, ist ein Leinenruck oder -zug Ihrerseits nicht empfehlenswert. Dies kann die empfindliche Halswirbelsäule und den Kehlkopf massiv verletzen. Außerdem zeigen Sie dem Hund genau *das* Verhalten, welches Sie ihm eigentlich abgewöhnen wollen. Ziehen Sie auch dann nicht an der Leine, wenn Ihr Vierbeiner längere Zeit schnüffelt und nicht weiter-

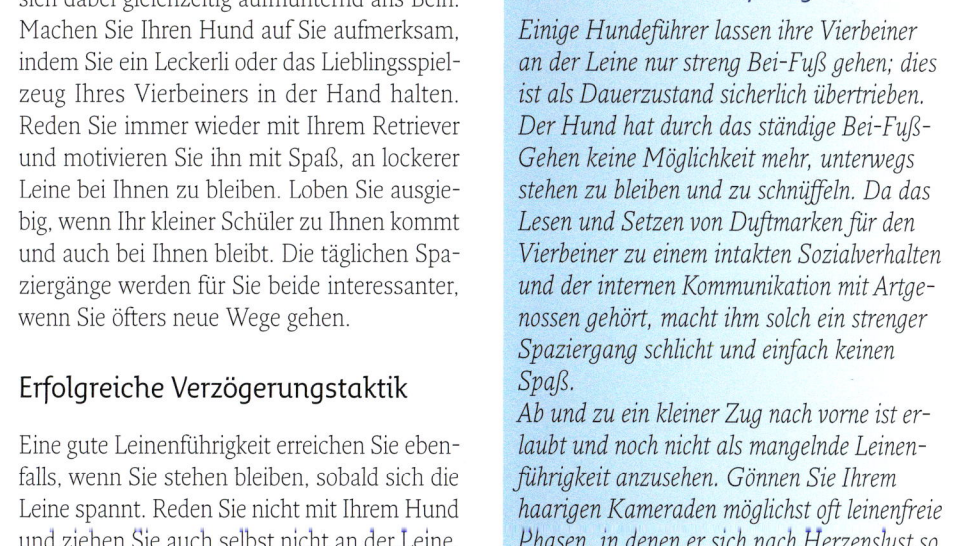

Übertriebene Leinenführigkeit

Einige Hundeführer lassen ihre Vierbeiner an der Leine nur streng Bei-Fuß gehen; dies ist als Dauerzustand sicherlich übertrieben. Der Hund hat durch das ständige Bei-Fuß-Gehen keine Möglichkeit mehr, unterwegs stehen zu bleiben und zu schnüffeln. Da das Lesen und Setzen von Duftmarken für den Vierbeiner zu einem intakten Sozialverhalten und der internen Kommunikation mit Artgenossen gehört, macht ihm solch ein strenger Spaziergang schlicht und einfach keinen Spaß.

Ab und zu ein kleiner Zug nach vorne ist erlaubt und noch nicht als mangelnde Leinenführigkeit anzusehen. Gönnen Sie Ihrem haarigen Kameraden möglichst oft leinenfreie Phasen, in denen er sich nach Herzenslust so richtig austoben darf.

Von einem älteren, gut erzogenen Hund kann Ihr Kleiner viel lernen.

gehen will. Motivieren Sie ihn lieber mit aufmunternden Worten oder einer Spielaufforderung, Ihnen zu folgen. Das Weitergehen können Sie sogar üben, indem Sie immer das gleiche Kommando wie beispielsweise „Weiter" sowie eine auffordernde Handbewegung verwenden. Am schnellsten lernt Ihr Hund diese Übung unangeleint auf einer Wiese. Weil sich Hunde sehr an Ihrer Körpersprache orientieren, ist es wichtig, dass Sie nach der gesprochenen Aufforderung „Weiter" auch wirklich weitergehen und nicht stehen bleiben. Läuft Ihnen Ihr Golden Retriever nach, loben Sie sofort wieder kräftig und geben Sie ihm ein Leckerli oder spielen Sie zur Belohnung mit ihm.

Alleinbleiben

Da man einen Hund nicht immer und überall hin mitnehmen kann, muss der Vierbeiner auch das gesittete Alleinbleiben von klein auf lernen. Lassen Sie Ihren Golden Retriever anfangs nur kurz allein und zwar erst, wenn er sich in seiner Umgebung ganz sicher und geborgen fühlt. Gehen Sie aus dem Zimmer, wenn er schläft oder mit einem Kauröllchen beschäftigt ist. Liegt Ihr Welpe bei Ihrer Rückkehr noch brav auf seinem Platz, loben Sie

Vorsicht mit Flexileinen

Verwenden Sie aufrollbare Flexileinen erst, wenn Ihr Hund zuverlässig leinenführig ist, ansonsten könnte ihn die vermeintlich gegebene Freiheit durch die Länge dieser Leine zu einem stetigen Ziehen verleiten. Auch sollten Sie ihm dann ein Geschirr anlegen, da es doch mal zu einem kleinen Sprint an der langen Leine kommen kann, der mit einem Ruck endet. Dieser wäre schädlich für die Halswirbelsäule des Halsband tragenden Hundes.

Machen Sie kein Aufhebens um Ihren Aufbruch und Ihre Rückkehr, ansonsten erziehen Sie Ihren Vierbeiner zu späterer Trennungsangst.

ihn. Vergrößern Sie langsam die Zeitspanne und verlassen Sie schließlich ganz das Haus. Machen Sie kein Drama aus Ihrem Weggang und verabschieden Sie sich nicht groß. Je mehr Aufhebens Sie um Ihren Aufbruch und Ihre Rückkehr machen, umso eher erziehen Sie Ihren Vierbeiner zu späterer Trennungsangst. Loben und belohnen Sie ihn jedoch, wenn er brav auf Sie gewartet hat.

Trotz aller Übung gibt es immer wieder Hunde, die sich sehr schwer mit dem gesitteten Alleinbleiben tun. Solch einem „Härtefall" können Sie die Zeit des Wartens mit einfachen Spielsachen versüßen.

Rezepte gegen Langeweile

Damit Ihr Hund Ihre Gardinen, Möbel oder andere Einrichtungsgegenstände verschont, geben Sie ihm Pappschachteln oder leere Allzweckrollen, um seinen Frust abzureagieren. Auch kleinere, stabile Kartons mit Deckel garantieren eine abwechslungsreiche Beschäftigung. Verstecken Sie darin in Zeitung gewickelte Leckerlis. Während Supernasen die Knabbereien sofort erschnuppern und eifrig „auspacken", können Sie für weniger Geübte einige „Duftlöcher" in den Deckel stechen.

Versteckt Ihr Hund gerne Leckereien, hat es sich bewährt, ihm Plätze in der Wohnung dafür einzurichten, an denen er nach Herzenslust „graben" darf. Hierfür verteilen Sie beispielsweise ausgediente Handtücher oder Decken an verschiedenen Stellen eines Raumes. Dies schützt Sie auch davor, einen feuchtklebrigen Kauknochen oder Ähnliches abends in Ihrem Bett zu finden.

Kurzweiliger wird das Warten ebenfalls mit einem Futterball aus dem Zoofachhandel, der nur ab und zu, bei bestimmten Bewegungen, über verschieden große Öffnungen Leckerlis frei gibt. Hier muss der Hund Geduld und Geschicklichkeit beweisen, wodurch er von anderem Schabernack abgelenkt wird.

> ## Weitere Tipps
>
> *Das Alleinbleiben fällt Hunden leichter, die müde sind. Gehen Sie daher vorher mit Ihrem Vierbeiner spazieren oder spielen Sie mit ihm. Auch satte Hunde sind schläfrig. Es empfiehlt sich also außerdem, ihn vor Ihrem Weggang zu füttern. Lassen Sie ihn anschließend aber noch einmal nach draußen, damit er sich lösen kann. Viele Hunde tröstet schon ein vertrautes Kleidungsstück wie eine ausrangierte Socke oder eine alte Jacke von Ihnen im Körbchen.*

Läuft während Ihrer Abwesenheit das Radio, fühlt sich Ihr Golden nicht so einsam.

Da geteiltes Leid bekanntlich halbes Leid ist, kann auch die Anschaffung eines Zweithundes oder die vorübergehende Vergesellschaftung mit einem befreundeten „Leihhund" aus der Nachbarschaft helfen. Letzteres hat schon so manchen Quälgeist zur Vernunft gebracht, sodass er inzwischen sogar alleine und, ohne außerplanmäßige Dummheiten zu machen, auf Herrchens Heimkehr wartet.

Hat Ihr Vierbeiner während Ihrer Abwesenheit etwas angestellt, schimpfen Sie ihn nicht.

Das Lieblingsspielzeug überbrückt die Wartezeit alleine daheim.

Die Gesellschaft eines befreundeten „Leihhundes" hat schon so manchen Unruhegeist zur Vernunft gebracht, sodass er inzwischen sogar alleine bleibt.

Dafür müssten Sie ihn wirklich auf frischer Tat ertappen, ansonsten bringt er die Bestrafung nur mit Ihrer Rückkehr, nicht aber mit seinem Vergehen in Zusammenhang. Ignorieren Sie Ihren Hund lieber, bis alle Spuren beseitigt sind.

Abgewöhnen von Jugendsünden

Etwa ab dem achten Lebensmonat beginnt die Flegelphase eines Junghundes. In diese Zeit fällt auch die Geschlechtsreife des Vierbeiners. Nun testet Ihr Golden Retriever vermehrt aus, wie weit er gehen kann und ob er Ihnen wirklich gehorchen muss oder nicht. Außerdem stellt der Jungspund allerhand Unfug an. Manche Hunde sind hierbei sehr erfinderisch. Kein Wunder, schließlich suchen sie mit ihrem aufmüpfigen Verhalten ihre genaue Rangposition innerhalb des Familienrudels. Spätestens jetzt ist ein konsequentes Grenzen setzen enorm wichtig, ansonsten wächst Ihnen Ihr Golden

schnell über den Kopf. Achten Sie unbedingt auf feste sowie klare Regeln und einen strukturierten Tagesablauf. Nur so merkt Ihr Vierbeiner, wer in der Familie das Sagen hat; er orientiert sich daran und passt sich an.

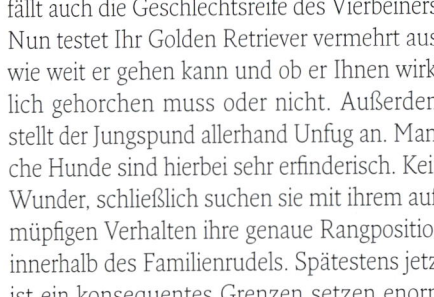

In der Flegelphase stellt der Vierbeiner häufig allerhand Unfug an. Manche Hunde sind hierbei unglaublich einfallsreich.

Anspringen

Hunde begrüßen und beschwichtigen ranghöhere Artgenossen, indem sie deren Mundwinkel lecken, ein Verhalten, das im Futterbetteln von Wolfswelpen bei ihrer Mutter begründet liegt. Genauso möchten sich die Vierbeiner bei uns Menschen geben, doch leider ist dies den Hunden aufgrund unserer Größe nicht möglich, ohne uns dabei anzuspringen. Zwar ist dieses Verhalten durchaus gut gemeint und gilt als Geste der Unterordnung, trotzdem aber ist es, zu Recht, nicht besonders beliebt. Immerhin bringt ein kräftiger Hund wie der Golden Retriever, eine gewisse Masse mit, die einen nicht ganz standfesten Menschen im wahrsten Sinne des Wortes regelrecht umhauen kann. Außerdem sind gerade bei Schmuddelwetter hündische Drecktapser auf einer

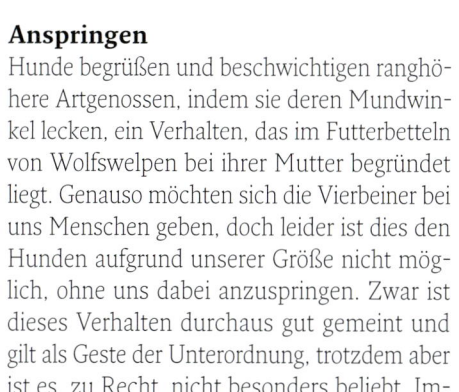

hellen Hose nicht unbedingt wünschenswert. Gewöhnen Sie daher schon dem Welpen ab, Menschen anzuspringen, indem Sie und Ihr Besuch sich bei jeder stürmischen Begrüßung vom Hund wegdrehen und ihn ignorieren. Sie kommen außerdem der ausgelassenen Freude Ihres Vierbeiners zuvor, wenn Sie sich zu ihm hinunter beugen und seine Sprungversuche bereits unten abfangen. Wenden Sie sich Ihrem Hund allerdings erst zu, wenn er sich etwas beruhigt hat. Kommentieren Sie ein eventuelles Springen mit einem energischen „Ab" und loben Sie Ihren Golden ausgiebig, wenn er unten bleibt.

Knabber- und Beißspiele

Absolut unerwünscht ist das Beknabbern und Zerbeißen von Schuhen oder Ähnlichem. Der wedelnde Teenager zwickt auch gerne in Hände, Füße und (Hosen-)Beine. Zwar ist das Knabbern nicht generell schlecht, immerhin nimmt der Junghund damit seine Umgebung ganz genau unter die Lupe; neue Dinge lernt er also auf diese Weise erst einmal kennen. Trotzdem müssen Sie dieses Verhalten zu Hause in die richtigen Bahnen lenken. Geben Sie Ihrem Golden Retriever am besten gar keine Gelegenheit, an Ihre Schuhe oder Socken zu gelangen. Hat er doch einmal etwas Unerlaubtes zwischen den Zähnen, nehmen Sie es ihm mit einem energischen „Nein" weg. Nach einer kurzen Pause lenken Sie ihn mit einem kleinen Spiel ab, und bieten ihm anschließend ein erlaubtes Kauspielzeug an. In dieser Phase ist es besonders wichtig, dem

Am besten gewöhnen Sie Ihrem Hund von klein auf ab, Sie und andere Menschen anzuspringen.

Auch die Nase von Herrchen will erkundet sein – zumindest aus Welpensicht.

Bekommt Ihr Hund Leckerbissen vom Tisch, brauchen Sie sich über permanentes Betteln nicht zu wundern.

Vierbeiner genügend „legale" Knabberspielsachen aus Hartgummi oder Büffelhaut zur Verfügung zu stellen, denn häufig kaut der Welpe schon aus Langeweile. Ebenfalls unerlässlich ist natürlich eine angemessene Auslastung durch Spaziergänge und Spiele.

Vergreift sich Ihr Golden Retriever im Spiel zu fest an Ihrer Hand, reagieren Sie erneut mit einem „Nein" und beenden Sie das Spiel sofort. Bald stellt der Kleine sein Zwicken ein, denn der stets folgende Spielentzug macht das Beißen unattraktiv.

Betteln

Füttern Sie Ihren Hund am Tisch, erziehen Sie ihn regelrecht zum Betteln. Selbst wenn Sie dieses Verhalten nicht stört, fallen Ihr Junghund und damit auch Ihre Erziehung bei Besuchern oder in einer eventuellen Pflegestelle doch sehr negativ auf. Damit es erst gar nicht so weit kommt, richten Sie Ihrem Vierbeiner von Anfang an einen eigenen, festen Futterplatz ein; nur hier wird er gefüttert.

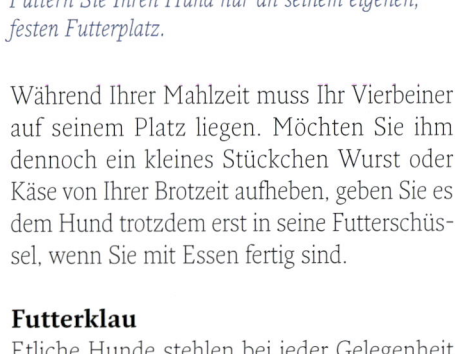

Füttern Sie Ihren Hund nur an seinem eigenen, festen Futterplatz.

Während Ihrer Mahlzeit muss Ihr Vierbeiner auf seinem Platz liegen. Möchten Sie ihm dennoch ein kleines Stückchen Wurst oder Käse von Ihrer Brotzeit aufheben, geben Sie es dem Hund trotzdem erst in seine Futterschüssel, wenn Sie mit Essen fertig sind.

Futterklau

Etliche Hunde stehlen bei jeder Gelegenheit alles Essbare vom Tisch. Da es sich hierbei um ein selbst belohnendes Verhalten handelt, ist dies dem Vierbeiner nur schwer abzugewöhnen: Der Hund wird mit dem geklauten Futter umgehend für seine Tat belohnt. Diese Verstärkung bringt Ihren Hund also dazu, die unerlaubte Handlung immer wieder durchzuführen. Am besten lassen Sie nichts Essbares in Reichweite Ihres Golden Retrievers liegen.

Schimpfen Sie Ihren Hund nur, wenn Sie ihn auf frischer Tat ertappen, ansonsten hat er seinen Diebstahl vergessen und bringt die Strafe mit Ihrer Rückkehr in Verbindung. Einen Futterklau können Sie auch provozieren und gleich mit einem schlechten Erlebnis für den Vierbeiner kombinieren: Träufeln Sie beispielsweise etwas Zitronensaft über Ihr verlockendes Essen und lassen Sie Ihren Vierbeiner damit alleine. Möchte er nun den vermeintlichen Leckerbissen klauen, wird er sein saures Wunder erleben und Ihr Essen in Zukunft meiden. Sie können auch an einem besonders verlockend duftenden Leckerbissen laut scheppernde Blechdosen befestigen. Platzieren Sie die Verlockung nun genau an der Tischkante. Entfernen Sie sich anschließend aus dem Zimmer und lassen Sie Ihren Hund mit der Versuchung allein. Schnappt er jetzt nach der Leckerei, fallen die Dosen lärmend zu Boden. Ihr Dieb erschrickt sich und wird so schnell nichts mehr vom Tisch klauen.

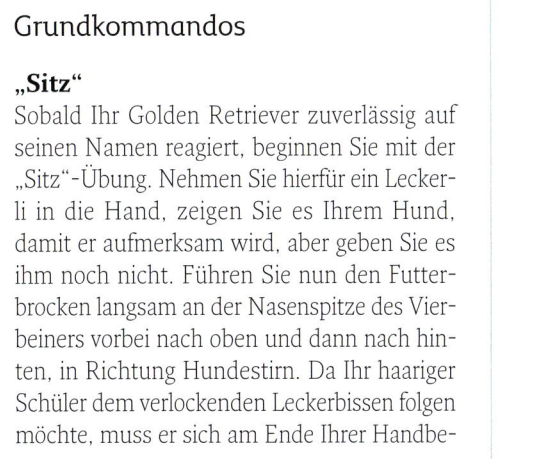

Hunde lieben erhöhte Liegeplätze, da sie hier stets alles stets im Blick haben.

Springen auf Möbel

Weil Hunde erhöhte Sitz- und Liegeplätze lieben, springen sie gerne auf das Bett, die Couch oder einen Sessel. Neben dem gemütlichen Liegekomfort spielt hier auch die tolle Rundumsicht, mit der Ihr Hund stets alles im Blick hat, eine Rolle. Im Prinzip spricht nichts dagegen, wenn Ihr Golden Retriever auf Kommando hinauf- und besonders auch wieder hinabspringt. Tut er das nicht, oder nur unter Protest, lassen Sie ihn gar nicht mehr nach oben. Den Hund hierfür zu bestrafen nützt allerdings nur, wenn Sie den Täter prompt überführen. Machen Sie Ihrem Vierbeiner bevorzugte Liegeflächen wie Bett oder Couch während Ihrer Abwesenheit so ungemütlich wie möglich: Legen Sie eine dünne Decke aus, unter der Sie lärmende Gegenstände wie Topfdeckel oder mit Kieselsteinen gefüllte Blechdosen verstecken. Springt Ihr Hund nun auf das so präparierte Sofa, erschrickt er durch die laut scheppernden Dinge. Auch der Liegekomfort ist dadurch stark beeinträchtigt, Ihre Couch verliert somit schnell ihren Reiz. Manchmal reicht es sogar schon, den verbotenen Platz mit beidseitigem Klebeband zu präparieren: Bei jeder Berührung ziept es, weil einige Haare daran hängen bleiben.

Grundkommandos

„Sitz"

Sobald Ihr Golden Retriever zuverlässig auf seinen Namen reagiert, beginnen Sie mit der „Sitz"-Übung. Nehmen Sie hierfür ein Leckerli in die Hand, zeigen Sie es Ihrem Hund, damit er aufmerksam wird, aber geben Sie es ihm noch nicht. Führen Sie nun den Futterbrocken langsam an der Nasenspitze des Vierbeiners vorbei nach oben und dann nach hinten, in Richtung Hundestirn. Da Ihr haariger Schüler dem verlockenden Leckerbissen folgen möchte, muss er sich am Ende Ihrer Handbe-

Nach der Ausführung des Kommandos „Sitz" loben und belohnen nicht vergessen.

wegung zwangsläufig hinsetzen. Belohnen Sie ihn jetzt sofort mit der Leckerei, sagen Sie dabei das Kommando „Sitz" und loben Sie ihn ausgiebig. Wiederholen Sie diese Übung mehrmals täglich. Setzt sich Ihr Vierbeiner nicht hin, drücken Sie zusätzlich sanft sein Hinterteil nach unten. Loben und belohnen Sie sofort, wenn er sitzt und geben Sie auch den Befehl „Sitz". Klappt die Lektion schließ-

Aufgepasst!

*Trainieren Sie mit Ihrem Hund nur, wenn Sie seine volle **Aufmerksamkeit** haben. Machen Sie sich für Ihren Vierbeiner zunächst also mit einem Leckerli oder seinem Lieblingsspielzeug interessant. Beginnen Sie die Übung erst, wenn Ihr Vierbeiner genau auf Sie achtet.*

lich auf Kommando, verwenden Sie zusätzlich zur Sprache ein Sichtzeichen (z. B. erhobener Zeigefinger). Später genügt das visuelle Signal, damit Ihr Golden Retriever absitzt. Das Erlernen von Sichtzeichen kann Ihnen und Ihrem Hund vor allem auf die Entfernung hin sehr nützlich sein. In der Regel lernen Hunde das „Sitz" sehr schnell.

„Platz"

Das Einüben des „Platz"-Befehls ist häufig schwieriger als das Erlernen des Kommandos „Sitz", weil das Hinlegen auf Befehl vom Hund als Unterordnung empfunden wird. Nicht jeder Vierbeiner möchte sich so einfach ergeben, daher kann es hierbei vor allem mit sehr selbstbewussten Hunden Probleme geben. Lassen Sie Ihren Golden Retriever zunächst vor Ihnen absitzen und anschließend an Ihrer Hand schnuppern, in der ein Leckerli versteckt

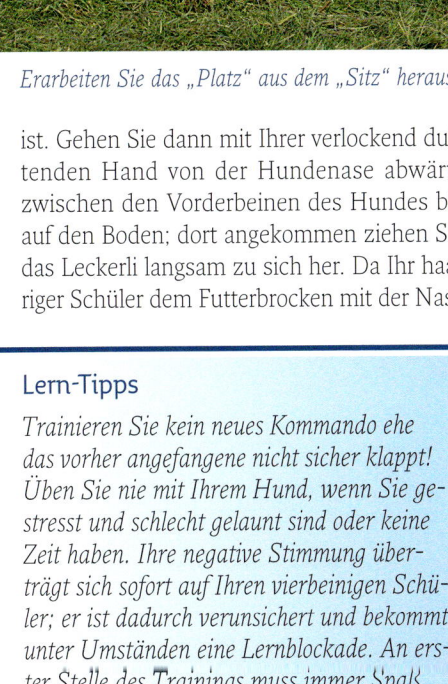

Erarbeiten Sie das „Platz" aus dem „Sitz" heraus und führen Sie gleich ein Sichtzeichen mit ein.

ist. Gehen Sie dann mit Ihrer verlockend duftenden Hand von der Hundenase abwärts zwischen den Vorderbeinen des Hundes bis auf den Boden; dort angekommen ziehen Sie das Leckerli langsam zu sich her. Da Ihr haariger Schüler dem Futterbrocken mit der Nase

Lern-Tipps

Trainieren Sie kein neues Kommando ehe das vorher angefangene nicht sicher klappt! Üben Sie nie mit Ihrem Hund, wenn Sie gestresst und schlecht gelaunt sind oder keine Zeit haben. Ihre negative Stimmung überträgt sich sofort auf Ihren vierbeinigen Schüler; er ist dadurch verunsichert und bekommt unter Umständen eine Lernblockade. An erster Stelle des Trainings muss immer Spaß und gute Laune stehen.

folgen möchte, wird er sich aus Bequemlichkeit am Ende von selbst hinlegen, um besser an Ihre Hand zu gelangen. Sagen Sie genau in diesem Moment „Platz", loben Sie den Hund ausgiebig und belohnen Sie ihn mit dem Leckerli. Diese Übung funktioniert auch, wenn Sie sich auf den Boden knien, ein Bein nach vorne ausstrecken und den Hund mit einem Leckerli unter Ihrem gestreckten Bein hindurch locken. Klappt das „Platz", führen Sie ein zusätzliches Sichtzeichen ein. Winkeln Sie dafür beispielsweise Ihren Unterarm im 90°-Winkel an und strecken Sie ihn langsam nach unten aus; Ihre Handfläche bleibt dabei ebenfalls ausgestreckt.

„Bleib"

Das Kommando „Bleib" wird in der Hundeerziehung meist unterschätzt. In vielen Situationen kann es von großer Bedeutung sein,

Vergrößern Sie neben dem Zeitfaktor allmählich auch die Entfernung zum Hund.

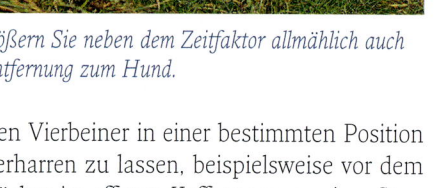

Schimpfen Sie andererseits nicht, wenn Ihr wedelnder Schüler zunächst nicht in der gewünschten Stellung bleibt. Hier helfen nur Geduld und ein ruhiges „Nein" sowie das anschließende erneute In-Position-Bringen unter Verwendung der entsprechenden Befehle (z. B. „Sitz und Bleib") und des Sichtzeichens. Vergrößern Sie neben dem Zeitfaktor allmählich auch die Entfernung zum Hund. Erhöhen Sie

den Vierbeiner in einer bestimmten Position verharren zu lassen, beispielsweise vor dem Bäcker, im offenen Kofferraum, an einer Straße oder um den Hund von der Verfolgung von Wild oder einer Katze abzuhalten.

Am einfachsten lernt Ihr Golden den Befehl „Bleib" über die Grundkommandos „Sitz" und „Platz". Lassen Sie Ihren Vierbeiner zunächst an der Leine vor Ihnen absitzen oder abliegen. Kombinieren Sie dabei das „Sitz" oder „Platz" ab jetzt mit dem Wort „Bleib". Verwenden Sie zusätzlich von Anfang an folgendes Sichtzeichen: Ihre Handfläche zeigt am ausgestreckten Arm zu Ihrem Hund. Dies symbolisiert Ihrem Golden ein Stopp bzw. ein Verharren in der momentanen Position. Erstrecken Sie das „Bleib" anfangs nur über eine sehr kurze Zeitspanne und steigern Sie diese erst allmählich. Sparen Sie wie immer nicht mit Lob.

„Bleib"-Training für Regentage

Den „Bleib"-Befehl können Sie an Regentagen auch gut in der Wohnung üben. Entfernen Sie sich zunächst nur innerhalb des Zimmers vom Hund. Solange Sie noch in Sichtweite sind, verwenden Sie unbedingt zum gesprochenen Kommando das Sichtzeichen, ein Signal, das Ihnen in freier Natur auf große Entfernung hin wertvolle Dienste leistet. Später verlassen Sie den Raum ganz, wobei Ihr Vierbeiner seine Position solange nicht verändern darf bis Sie es ihm erlauben. Erfinden Sie aus dieser Übung heraus Indoor-Spiele wie beispielsweise „Verstecken" (Mensch, Gegenstände, Futter etc.). Sparen Sie selbstverständlich auch bei Spielen nie mit Lob. Stecken Sie Ihren eifrigen Vierbeiner mit guter Laune an, nur so macht Lernen Spaß!

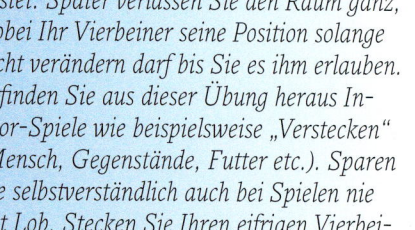

den Schwierigkeitsgrad nach und nach, indem Sie die Übungsorte wechseln und außerdem Ablenkungen für Ihren Retriever schaffen, auf die er natürlich nicht reagieren darf (z. B. durch Geräusche, Gegenstände, andere Menschen, andere Hunde). Selbst wenn Sie außer Sichtweite sind, sollte Ihr vierbeiniger Gefährte schließlich in der gewünschten Position verharren. Erschweren Sie die Übung immer erst dann, wenn der vorausgegangene Schritt wirklich sitzt. Beherrscht Ihr haariger Kamerad das Kommando „Bleib" perfekt, können Sie es ab jetzt in Ihren Alltag integrieren und Ihren vierbeinigen Musterschüler beispielsweise in Erwartung eines leckeren Mitbringsels vor einem Supermarkt, während eines Ausflugs vor einem stillen Örtchen oder bei der Beeren- und Pilzsuche im Wald neben Ihrem Rucksack bedenkenlos warten lassen. Selbst als ruhig verharrendes Fotomodell macht Ihr Golden Retriever nun eine gute Figur. Ebenso hilfreich ist das „Bleib" für das Erlernen von Kunststückchen.

„Hier"

Trainieren Sie das Herkommen zunächst in einem abgeschlossenen Terrain, in dem sich für den Hund möglichst wenige Ablenkungen bieten. Stellen Sie sich in kurzer Distanz vor den Hund hin und gehen Sie in die Hocke. Ist Ihr Golden Retriever voll auf Sie konzentriert, rufen Sie ihn beim Namen und gleich darauf das Kommando „Hier". Locken Sie ihn zusätzlich mit einem Leckerli oder seinem Lieblingsspielzeug. Kommt der Vierbeiner auf Sie zu, loben und belohnen Sie ihn ausgiebig. Vergrößern Sie die Distanz nach und nach. Gehen Sie jedoch wie immer erst zur nächsten Trainingseinheit über, wenn die Vorherige sicher sitzt. Loben Sie den Vierbeiner wieder überschwänglich, wenn er bei Ihnen ankommt. Klappt das „Hier" zuverlässig in abgeschlossenem Terrain, beginnen Sie mit ersten Übun-

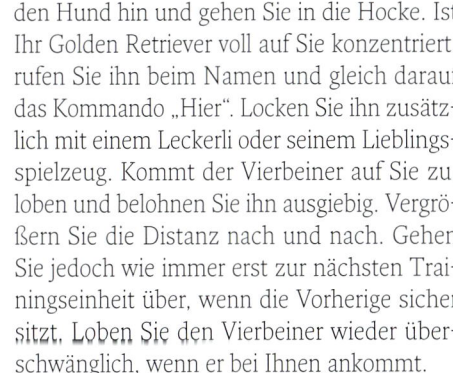

Versuchen Sie die Neugier Ihres Vierbeiners zu wecken, dann ist für ihn der Anreiz größer, zu Ihnen zurückzukommen.

gen im freien Feld. Dabei leistet eine lange Schleppleine gute Dienste. Lassen Sie die Leine neben dem Hund schleifen. Auf das Kommando „Hier" ziehen Sie Ihren Golden ganz sanft zu sich her. Schnell lernt Ihr haariger Gefährte, Ihren verlängerten Arm zu respektieren und zuverlässig auf Befehl zu kommen, auch wenn Ablenkungen in der Nähe sind.

Die tägliche Fütterung eignet sich ebenfalls als Lockmittel. Wartet der Hund beispielsweise hungrig auf sein Futter, bringen Sie ihn in ein anderes Zimmer und lassen ihn dort von einer Hilfsperson festhalten. Gehen Sie dann zurück zum Napf und rufen „Hier" oder benutzen Sie

Wichtiges Auflösungskommando

Vergessen Sie nicht, Befehle wie „Sitz", „Platz", „Bleib" oder „Hier" durch ein entsprechendes Gegenkommando wie beispielsweise „Lauf" wieder aufzuheben.
Achtung: *Besonders zu Beginn der Ausbildung ist es sehr wichtig, ein Kommando schnell wieder aufzulösen. In jedem Fall bevor der Hund von sich aus aufsteht und die Übung nach seinem Ermessen beendet!*

Machen Sie sich interessant

Macht Ihr Hund keine Anstalten, auf Befehl zu Ihnen zurückzukommen, sind Sie sicherlich zu uninteressant für ihn. Versuchen Sie die Aufmerksamkeit Ihres Vierbeiners mit einer spannenden Stimme, dem Zeigen eines Leckerlis, einer lustigen Spielaufforderung oder einem Sprint in die entgegengesetzte Richtung zu erreichen. Erst dann wird er auf Ihr Kommando reagieren.

Kommt Ihr Hund erst nach längerem Warten zu Ihnen zurück, schimpfen Sie ihn auf keinen Fall, denn dann verbindet er die Schelte gerade mit seiner Rückkehr. Er hat längst vergessen, dass er nicht auf den „Hier"-Befehl gehört hat.

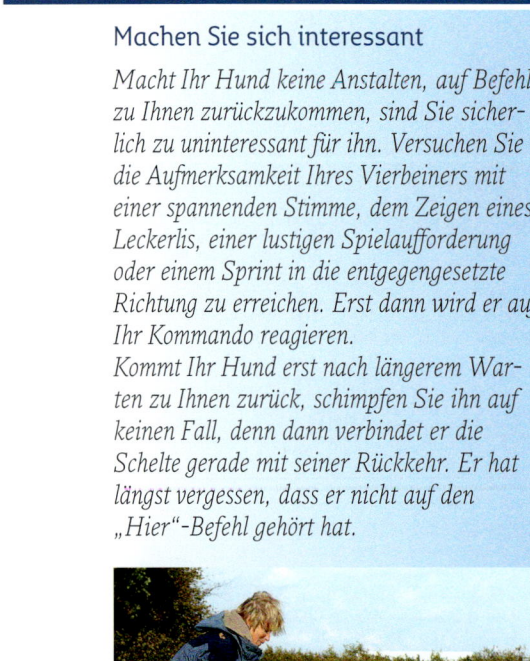

Das A und O einer erfolgreichen Hundeerziehung ist Lob. Sparen Sie nicht damit, macht Ihrem Hund das Training noch mehr Spaß.

die Hundepfeife. Der Vierbeiner wird losgelassen und rennt sofort zu Ihnen beziehungsweise seinem heiß ersehnten Fressen. Mit dieser Methode verknüpft Ihr Retriever den gerufenen „Hier"-Befehl, der dem Pfiff auf der Hundepfeife entspricht, immer mit etwas Angenehmem.

Kommt Ihr Hund mehr oder weniger zufällig zu Ihnen, sagen Sie erneut sofort das Kommando „Hier" und loben und belohnen Sie ihn überschwänglich. Auch dieses Zufallsprinzip ist Erfolg versprechend.

Lob und Strafe

Lob ist in der Hundeerziehung der Schlüssel zum Erfolg. Belohnen Sie jeden Schritt in die richtige Richtung eines erwünschten Verhaltens sofort, auch wenn Ihr Hund zufällig handelt. Nur so motivieren Sie Ihren Vierbeiner, aus Spaß an der Freude mit Ihnen weiterzuarbeiten. Richten Sie die Art der Belohnung individuell nach den Vorlieben Ihres Golden Retrievers: Manche Hunde freuen sich schon sehr über ein gesprochenes Lob und Streicheleinheiten, andere bevorzugen eher Leckerlis; einige Vertreter sind glücklich, wenn sie ihr Lieblingsspielzeug bekommen, wieder andere empfinden ein lustiges Spiel als tolle Belohnung.

Setzen Sie Strafen dagegen nicht in Form von körperlicher Gewalt ein: Eine körperliche Züchtigung kann, abgesehen von einem raschen Vertrauensbruch, sogar als positive Verstärkung wirken, schließlich bekommt der Vierbeiner damit Aufmerksamkeit bzw. Zuwendung, auch wenn diese negativer Art ist. Sie bestärkt ihn wiederum in seinem Fehlverhalten und veranlasst ihn dazu, weiterzumachen. Deutlich wirkungsvoller als Gewalt ist der Entzug von Zuwendung, wenn es die Situation zulässt. Ignorieren Sie unerwünschtes Verhalten also einfach. Bellt Ihr Hund beispielsweise übermäßig, beachten Sie es nicht. Belohnen Sie andererseits aber jede Bellpause. So lernt Ihr vierbeiniger Freund, dass sich Nicht-Bellen mehr auszahlt als Kläffen.

Eine weitere wirksame Vorgehensweise gegen unerwünschtes Verhalten ist, Ihren renitenten Golden in eine bestimmte langweilige Zimmerecke zu schicken, in der es weder Zuwendung, Futter, eine Schlafdecke und Spielsachen noch ein interessantes Fenster zum Hinausschauen und Beobachten gibt. Stellt Ihr Golden Retriever etwas Verbotenes an, bringen Sie ihn sofort (innerhalb von zwei Sekunden) nach einem (!) kurzen Befehl („Nein", „Aus", „Pfui" etc.) auf den vorher beschriebenen faden Platz; hier bleibt Ihr Vierbeiner für die nächsten zwei bis fünf Minuten. Anschließend holen Sie ihn wieder, jedoch ohne ihn zu begrüßen oder ein Wort zu sagen. Die Sache ist nun erledigt und Sie gehen wieder zur Tagesordnung über. Beginnt Ihr Hund erneut mit Unfug, ermahnen Sie ihn einmal (!) mit demselben Befehl von vorhin („Nein", „Aus", „Pfui" etc.). Reicht dies noch nicht aus, um ihn von seinem Vorhaben abzubringen, muss er wieder in seine „Schämecke". Schon bald merkt

Beidseitiges Vertrauen ist wertvoll. Zerstören Sie dies nicht durch unüberlegtes Strafen.

Ihr Golden, dass sein Schabernack langfristig keinen Spaß macht. Bestimmte Angewohnheiten können Sie Ihrem Hund auch abgewöhnen, indem Sie ihm seine Macken einfach verleiden oder seine Aufmerksamkeit auf etwas Erlaubtes umlenken (siehe Seite 54 „Abgewöhnen von Jugendsünden").

Fazit Sparen Sie in der Hundeerziehung nicht mit Lob und Belohnung. Strafen Sie dagegen nur wohldosiert und gut überlegt, denn das Vertrauen eines Vierbeiners ist durch unüberlegtes Handeln schneller zerstört, als es sich später wieder aufbauen lässt.

Bitte beachten Sie Schwerwiegende Verhaltensauffälligkeiten wie Schnappen oder Beißen dürfen selbstverständlich nicht ignoriert werden. Wenden Sie sich in einem solchen Fall unbedingt an einen kompetenten Hundetrainer.

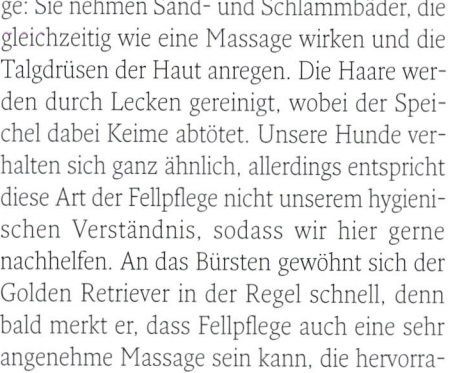

Gewisse Pflegemaßnahmen sind bei Hunden unerlässlich. Gewöhnen Sie daher am besten schon Ihren Welpen an die wichtigsten Handgriffe.

Welche Pflegemaßnahmen sind nötig und wie gewöhnt man den Golden Retriever daran?

Bestimmte Pflegemaßnahmen sind bei Hunden unerlässlich. Gewöhnen Sie daher am besten schon Ihren Welpen an die wichtigsten Handgriffe. Gehen Sie grundsätzlich bei allen Pflegemaßnahmen sanft und behutsam vor. Macht das Hundekind hier schlechte Erfahrungen oder dauert es ihm zu lang, wird es Körperpflege zukünftig als unangenehm empfinden und ihr lieber aus dem Weg gehen wollen. Pfotenabputzen und Stillhalten beim Bürsten müssen erst einmal gelernt werden. Führen Sie Ihren Welpen auch möglichst frühzeitig an die Augen-, Ohr-, Zahn- und Krallenkontrolle heran. Bleibt Ihr Hundekind bei der Pflege ruhig und gelassen, belohnen und loben Sie es ausgiebig. Wehrt sich dagegen Ihr

junger Vierbeiner oder wird er albern, bringen Sie ihn mit einem bestimmten „Nein" zur Ruhe. Hält er wieder still, loben und belohnen Sie ihn sofort.

Fellpflege
Wölfe haben ihre ganz eigene Art der Fellpflege: Sie nehmen Sand- und Schlammbäder, die gleichzeitig wie eine Massage wirken und die Talgdrüsen der Haut anregen. Die Haare werden durch Lecken gereinigt, wobei der Speichel dabei Keime abtötet. Unsere Hunde verhalten sich ganz ähnlich, allerdings entspricht diese Art der Fellpflege nicht unserem hygienischen Verständnis, sodass wir hier gerne nachhelfen. An das Bürsten gewöhnt sich der Golden Retriever in der Regel schnell, denn bald merkt er, dass Fellpflege auch eine sehr angenehme Massage sein kann, die hervorragend die Durchblutung der Haut anregt. Seien

Sie allerdings besonders vorsichtig bei Welpen: Ziept das Kämmen, könnten Sie ihm die Fellpflege leicht dauerhaft verleiden.

Bürsten Sie das Fell Ihres Golden regelmäßig und immer mit dem Strich, also in Haarwuchsrichtung von vorne nach hinten. Untersuchen Sie Ihren wedelnden Freund dabei gleich auf einen eventuellen Parasitenbefall oder Hautverletzungen. Vor allem die feineren Haare an den Ohren, den Läufen und der Rute verfilzen leicht; sie benötigen daher besondere Aufmerksamkeit. Da Golden Retriever reichlich Unterwolle haben, fällt auch der Fellwechsel entsprechend üppig aus. In dieser Zeit ist natürlich vermehrtes Bürsten angesagt. Unterstützen Sie den halbjährlichen Haarwechsel von innen mit einer über das Futter gestreuten Kräutermischung aus Löwenzahn, Birkenblättern, Brennnesseln und Ackerschachtelhalm. Spitzwegerich, Kerbel und Petersilie helfen aufgrund ihres hohen Vitamingehalts, das Immunsystem anzuregen. Entsprechende Fertigpräparate gibt es inzwischen im Fachhandel zu kaufen.

Schmutz entfernen Sie am besten, indem Sie ihn ausbürsten oder mit lauwarmem Wasser ausspülen. Meist reinigt sich das Fell des Golden Retrievers sogar von selbst. Vor allem Welpen sollten Sie nur im Notfall in die Wanne

Normalerweise ist es nicht nötig, den Golden zu baden. Grober Schmutz kann ausgebürstet oder abgerubbelt werden.

setzen, denn zu häufiges Baden mit Shampoo zerstört die Schmutz abweisende und wetterfeste Schutzschicht des Felles. Anschließendes Föhnen ist zu vermeiden, denn das ungewohnte Geräusch, die Lautstärke und das warme Gebläse machen einem Hund leicht Angst. Rubbeln Sie den Vierbeiner nach dem Abspülen lieber gut mit einem Handtuch trocken und lassen Sie ihn an kalten Tagen wegen der Erkältungsgefahr nicht sofort ins Freie, sondern stellen Sie seinen Korb in die Nähe der wärmenden Heizung.

Pfoten

Nützen sich die Krallen Ihres Golden Retrievers nicht auf natürliche Weise ab, müssen sie von Zeit zu Zeit geschnitten werden, damit sie nicht abbrechen. Führen Sie Ihren Welpen hier ganz langsam und in kleinen Schritten heran: Nehmen Sie zunächst immer wieder abwechselnd eine seiner Pfoten auf und halten Sie diese kurz in der Hand. Fasst der Hund Ihr Vorgehen als lustiges Spiel auf oder will er seine Pfote wegziehen, korrigieren Sie ihn mit einem energischen „Nein"; bleibt er ruhig, loben Sie ihn ausgiebig. Zum Krallenschneiden verwenden Sie eine spezielle Zange aus dem Fachhandel. Achten Sie darauf, dass Sie keine Blutgefäße verletzen. Am besten lassen

Gerade während des Fellwechsels im Frühjahr und Herbst tut Bürsten besonders gut.

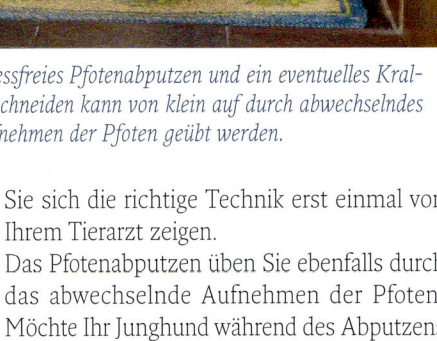

*Stressfreies Pfotenabputzen und ein eventuelles Kral-
lenschneiden kann von klein auf durch abwechselndes
Aufnehmen der Pfoten geübt werden.*

*Auch an die regelmäßige Zahnkontrolle muss der
Golden Retriever schon früh gewöhnt werden.*

Sie sich die richtige Technik erst einmal von
Ihrem Tierarzt zeigen.

Das Pfotenabputzen üben Sie ebenfalls durch
das abwechselnde Aufnehmen der Pfoten.
Möchte Ihr Junghund während des Abputzens
in das Handtuch beißen, reagieren Sie erneut
mit einem „Nein". Verhält er sich dagegen
brav, winkt am Ende wieder eine Belohnung.
Im Winter empfiehlt sich zusätzlich eine regelmäßige Ballenkontrolle, denn durch das
viele Streusalz wird die Pfotenunterseite leicht
trocken oder rissig. Hier schaffen Einreibungen mit Hirschtalg, Melkfett oder Vaseline
Abhilfe.

Augen, Ohren, Zähne

Führen Sie Ihren Hund besonders behutsam
an die Augenpflege heran. Streichen Sie Ihrem
Welpen schon im Spiel oder während des
Streichelns immer wieder kurz über die Augen.

Entfernen Sie Sekret oder Verkrustungen in
den Augenwinkeln später mit einem weichen,
feuchten, sauberen Tuch. Im Zoofachhandel
bekommen Sie hierfür spezielle Pflegetücher.
Kontrollieren Sie auch ab und zu die Ohren
Ihres Vierbeiners. Achten Sie darauf, dass sich
weder Krusten oder Fremdkörper im Ohr befinden noch Haare in den Gehörgang wachsen.
Eventuell vorgefundene, unangenehme Parasiten müssen schnell behandelt werden. Halten Sie das Hundeohr sauber, damit es nicht
zu schmerzhaften Entzündungen durch Bak-
terien oder Pilze kommt. Verwenden Sie für
die eventuell nötige Säuberung des Gehör-
gangs jedoch keine Wattestäbchen, sondern
nur spezielle Flüssigreiniger vom Tierarzt.
Eine regelmäßige Zahnkontrolle führen Sie am
besten von klein auf bei Ihrem Golden Retriever durch. Während des Zahnwechsels
braucht der junge Hund genügend Kaumate-

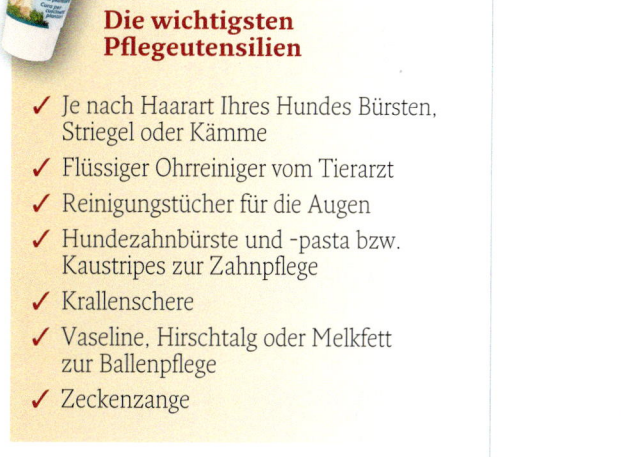

Zahnwechsel bei Welpen

Der Zahnwechsel beginnt etwa im vierten Lebensmonat Ihres Hundes. Geben Sie Ihrem Vierbeiner in dieser Zeit genügend Kaumaterial wie Büffelhautknochen und Spielzeug aus Hartgummi oder Hartholz. Gegen eventuell auftretende Schmerzen helfen, wie bei Babys, das zuckerfreie Dentinox-Gel aus Kamillenblüten oder das homöopathische Kombi-Präparat Osanit. Fällt ein Milchzahn auch nach längerer Zeit nicht von selbst aus, obwohl schon der neue Zahn sichtbar ist, lassen Sie den alten vom Tierarzt ziehen, um Gebissfehlstellungen zu vermeiden.

Die wichtigsten Pflegeutensilien

✓ Je nach Haarart Ihres Hundes Bürsten, Striegel oder Kämme
✓ Flüssiger Ohrreiniger vom Tierarzt
✓ Reinigungstücher für die Augen
✓ Hundezahnbürste und -pasta bzw. Kaustripes zur Zahnpflege
✓ Krallenschere
✓ Vaseline, Hirschtalg oder Melkfett zur Ballenpflege
✓ Zeckenzange

Weitere Pflege-Tipps

Auch regelmäßige Impfungen gegen Staupe, Hepatitis, Leptospirose, Parvovirose und Tollwut sowie Entwurmungen gehören zu den obligatorischen Pflegemaßnahmen bei einem Hund. Um einen Parasitenbefall zu vermeiden, ist außerdem ein sauberer Schlafplatz wichtig: Verwenden Sie nur Decken, Kissen oder Polster, die maschinenwaschbar sind. Untersuchen Sie Ihren Hund zudem von Frühjahr bis Herbst täglich auf Zecken, denn diese könnten Ihren Hund mit Borreliose infizieren. Spezielle Präparate schützen vor starkem Zeckenbefall. Lassen Sie sich bei der Wahl des richtigen Mittels von Ihrem Tierarzt beraten.

rial (siehe Kasten). Harte Leckereien zwischendurch entfernen schädliche Beläge. Zur dauerhaften Gesunderhaltung von Zähnen und Zahnfleisch empfiehlt sich regelmäßiges Zähneputzen; hierfür gibt es im Zoofachhandel oder bei Ihrem Tierarzt Hundezahnbürsten und -pasten. Aber auch zahnpflegende Kaustripes haben sich bewährt. Allerdings sind diese in Hundekreisen wohl Geschmacksache und nicht bei jedem Vierbeiner beliebt.

Schmuddelwetter-Tipps

An Schlechtwettertagen ist ein Handtuch unverzichtbar. Um Ihren Vierbeiner schon vor dem Einsteigen ins Auto gründlich abrubbeln zu können, legen sie im Auto am besten schon ein griffbereites Tuch. Im Fahrzeug selbst hat es sich bewährt, den Hundeplatz mit einer waschbaren Decke oder einer Gummischmutzfangmatte auszustatten. Beide Teile sind leicht separat zu reinigen, ohne dass Sie gleich das ganze Auto unter Wasser setzen müssen. Ebenfalls möglich ist die Unterbringung des nassen Hundes in einer mit saugfä-

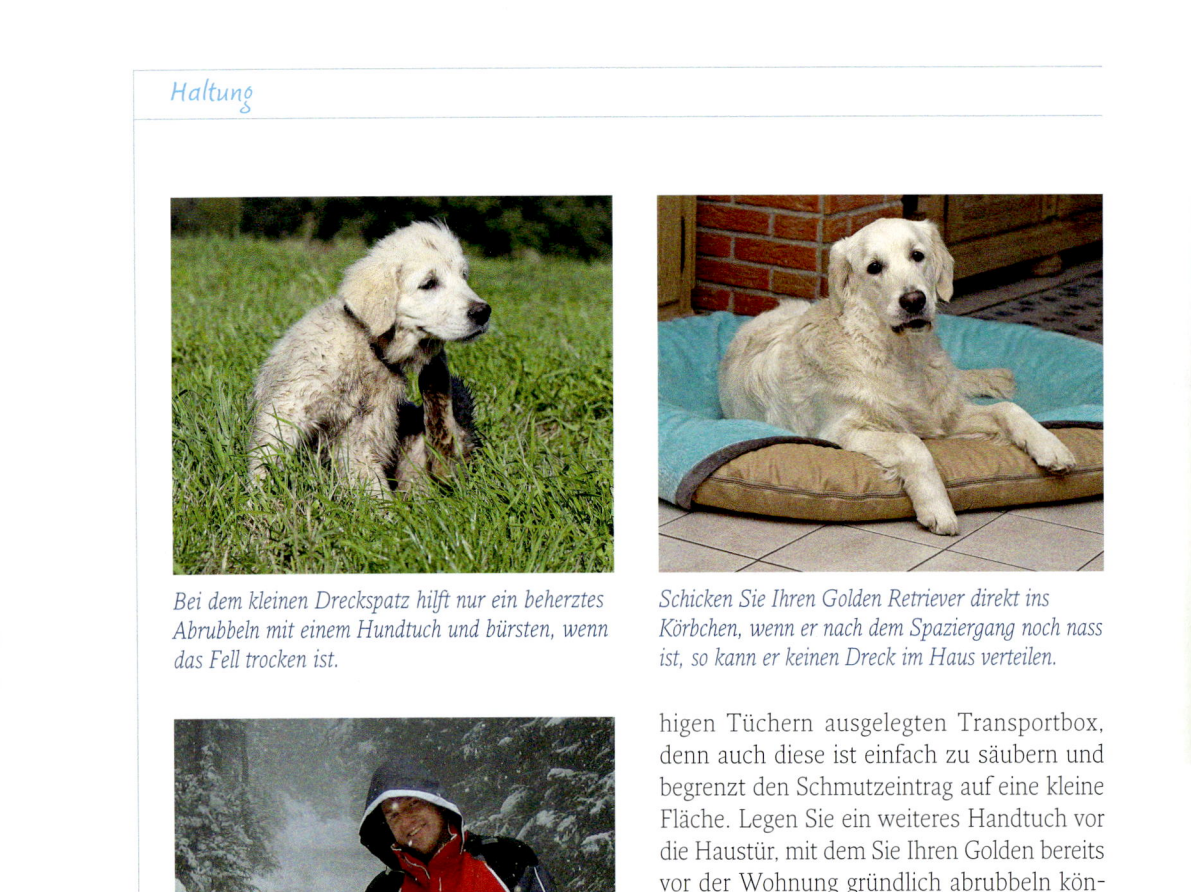

Bei dem kleinen Dreckspatz hilft nur ein beherztes Abrubbeln mit einem Hundtuch und bürsten, wenn das Fell trocken ist.

Schicken Sie Ihren Golden Retriever direkt ins Körbchen, wenn er nach dem Spaziergang noch nass ist, so kann er keinen Dreck im Haus verteilen.

Säubern Sie Ihren Hund nach dem Gassigehen noch vor der Haustüre. So bleibt Ihnen der größte Schmutz in der Wohnung erspart.

higen Tüchern ausgelegten Transportbox, denn auch diese ist einfach zu säubern und begrenzt den Schmutzeintrag auf eine kleine Fläche. Legen Sie ein weiteres Handtuch vor die Haustür, mit dem Sie Ihren Golden bereits vor der Wohnung gründlich abrubbeln können. So bleibt der größte Dreck auf jeden Fall draußen. Kann Ihr haariger Kamerad jederzeit zwischen Haus und Garten frei pendeln, empfiehlt sich ein feuchtes oder gut saugendes Tuch auf dem Boden des Verbindungsbereiches. Läuft Ihr Hund nun in die Wohnung, tritt er sich schon ganz automatisch die Pfoten auf seinem „Eingangsteppich" ab.

Gerade in der Schmuddelwetterzeit ist es sehr vorteilhaft, wenn Ihr Vierbeiner auf Kommando seinen Platz aufsucht und dort so lange bleibt, bis Sie den Befehl wieder aufheben. Ist Ihr haariger Begleiter also noch nicht ganz trocken, können Sie ihn sofort nach der Rückkehr vom Spaziergang in sein Körbchen schicken, ehe er überhaupt die Gelegenheit hatte, den Dreck im ganzen Haus zu verteilen. Für einen noch feuchten Vierbeiner ist ein Hundeplatz an der wärmenden Heizung angebracht. Beachten Sie außerdem unbedingt: Zugluft ist für einen nassen Hund Gift.

Wellness für den Golden Retriever

Wellness macht Spaß und zwar nicht nur uns Menschen. Auch Ihrem Golden Retriever können Sie mit entsprechenden Maßnahmen etwas Gutes tun. Er wird es genießen, sich einmal so richtig von Ihnen verwöhnen zu lassen.

Bachblüten und Homöopathie

Diverse Bachblüten und homöopathische Mittel verhelfen Ihrem Hund zu neuen Kräften. So wirken beispielsweise die Blüten Centaury, Chicory, Clematis und Crap Apple entschlackend und reinigend. Crap Apple hat außerdem eine ausgleichende Wirkung auf den Stoffwechsel und das Immunsystem. Centaury erfrischt und vitalisiert. Olive stellt das innere Gleichgewicht bei Erschöpfung wieder her, Agrimony stärkt und schützt vor Überbelastung. Die Abwehrkräfte Ihres Golden Retrievers werden mit Echinacea-Globuli gestärkt. China und Ignatia haben sich bei Erschöpfungszuständen und Stress bewährt. Gegen Muskelkater und Überanstrengung eignen sich Arnika und Traumeel. Bei Verspannungen kann Magnesium phosphoricum helfen.

Inzwischen gibt es schon fertige Bachblütenmischungen oder homöopathische Präparate im Zoofachhandel zu kaufen. Möchten Sie jedoch tiefer in die Materie einsteigen, las-

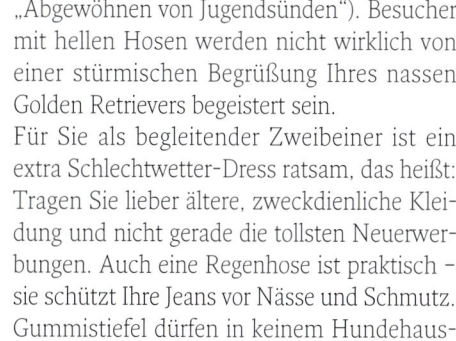

Wenn Sie es Ihrem Vierbeiner von vorneherein abgewöhnen, an Menschen hochzuspringen, müssen Sie auch niemals für die Reinigung von hellen Hosen aufkommen ...

Mit etwas Geduld und Geschick des Hundeführers lernen besonders eifrige Vierbeiner auch, sich bereits vor dem Haus auf Befehl zu schütteln oder auf dem Fußabstreifer die Pfoten abzuputzen. Gewöhnen Sie Ihrem Vierbeiner außerdem von vornherein ab, Sie oder andere Menschen anzuspringen (siehe Seite 55 „Abgewöhnen von Jugendsünden"). Besucher mit hellen Hosen werden nicht wirklich von einer stürmischen Begrüßung Ihres nassen Golden Retrievers begeistert sein.

Für Sie als begleitender Zweibeiner ist ein extra Schlechtwetter-Dress ratsam, das heißt: Tragen Sie lieber ältere, zweckdienliche Kleidung und nicht gerade die tollsten Neuerwerbungen. Auch eine Regenhose ist praktisch – sie schützt Ihre Jeans vor Nässe und Schmutz. Gummistiefel dürfen in keinem Hundehaushalt fehlen, so bleiben gute Halbschuhe an Schlechtwettertagen trocken.

Homöopathische Heilmittel finden auch im Wellnessbereich Anwendung.

Wellness vom Profi

Inzwischen bieten viele Hundephysiothera-peuten auch Wohlfühlbehandlungen für Hunde an. Dabei werden häufig verschiedene Techniken miteinander kombiniert. So erhält die Massage Ihres Vierbeiners gleichzeitig eine Untermalung mit angenehmen Düften und entspannender Musik. Beruhigendes Licht darf dabei selbstverständlich ebenfalls nicht fehlen. Neben der herkömmlichen Massage gehören häufig auch Fuß- oder Ohrreflexzonenmassagen zum Behandlungsspektrum. Einige Therapeuten verfügen sogar über eigene Hundeschwimmbäder. Manche Praxen bieten Kurse in Massage, Akupressur und TTouch® für den Eigengebrauch an. Außerdem finden Sie im Fachhandel interessante Bücher zum Thema. Wer die Kosten nicht scheut, kann sich auch zusammen mit seinem Hund in speziellen Wellness-Hotels verwöhnen lassen.

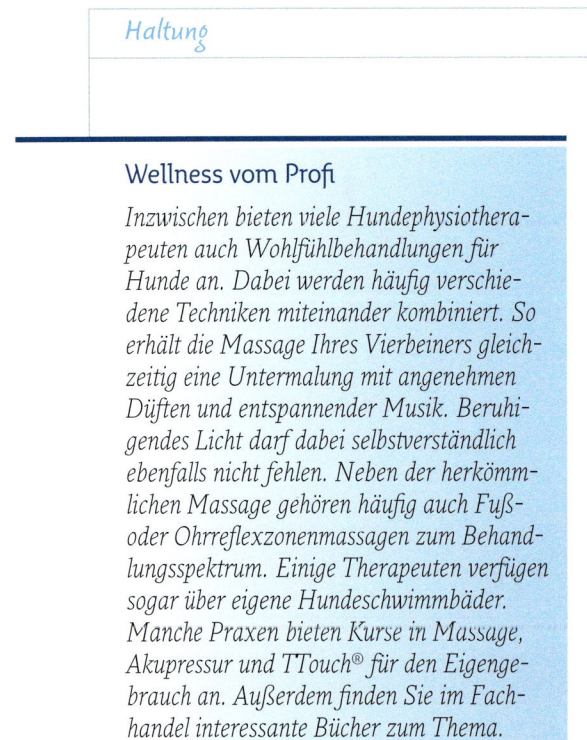

Doggy-Wellness: Rückenmassage auf dem Rasen.

sen Sie sich von einem erfahrenen Therapeuten beraten.

Mit Massage, Akupressur und TTouch® entspannen

In keinem Verwöhnprogramm darf eine wohltuende Massage fehlen. Sie erfolgt am besten in Bauch- oder Seitenlage des Hundes. Dabei können Sie in einfachen, geraden Linien streicheln oder in Wellen. Auch ein Kreisen Ihrer Handflächen wirkt entspannend. Variieren Sie zusätzlich den Druck. Massieren Sie jedoch nicht zu kräftig, Ihr Hund soll sich schließlich wohlfühlen und keine Schmerzen haben. Bearbeiten Sie besonders belastete Partien wie die Beinmuskulatur extra sanft mit den Fingerkuppen. Lockernd wirkt leichtes Kneten und Rollen von Haut und Muskeln. Streichen Sie am Ende einer Massage immer den ganzen Körper des Hundes noch einmal sanft aus. Eine Massage sollte nicht länger als 15–20 Minuten dauern; gewöhnen Sie Ihren Golden Retriever erst langsam an diese Zeitspanne. Massieren Sie nie, wenn Ihr Vierbeiner eine Infektion oder gerade gefressen hat.

Die Akupressur ist eine Abwandlung der Akupunktur. Hier wird ohne Nadeln, nur mit der Berührung und dem Druck der Finger gearbeitet. Dies hat neben dem körperlichen Aspekt auch eine sehr positive, entspannende Wirkung auf die Psyche des Hundes.

Die TTouch®-Methode hingegen besteht aus unterschiedlichen Bewegungen und Handpositionen, die im Uhrzeigersinn auf der Haut des Hundes in verschiedenen Druckstärken ausgeführt werden. Vor allem bei seelischen Störungen sowie zur allgemeinen Beruhigung, zum Stressabbau und Wiederherstellung des Vertrauens hat sich der TTouch® bewährt. Auch zur Schmerzlinderung wird diese Methode erfolgreich eingesetzt.

Etliche Hundeschulen bieten inzwischen TTouch®-Seminare an.

Aroma-, Farb- und Musiktherapie für neues Wohlbefinden

Die Aromatherapie fördert die seelische Ausgeglichenheit, aktiviert den Kreislauf und stärkt die Abwehrkräfte. Sie erfrischt und verhilft zu neuer Energie. Die ätherischen Öle werden dabei entweder in einer Duftlampe, einem Kräutersäckchen, einem speziellen Hundehalstuch oder direkt auf dem Liegeplatz Ihres Hundes angewendet, allerdings wohldosiert (2 bis 3 Tropfen) und nur, wenn es Ihrem Vierbeiner auch wirklich behagt. Eine Duftlampe sollte mindestens eine Stunde brennen. Da ein Hund sehr empfindliche Schleimhäute hat, dürfen Sie die Öle nie direkt auf sein Fell träufeln. Stärkend, aufbauend und reinigend für den gesamten Organismus wirken Lavendel, Orange, Zitrone, Geranium, Grapefruit und Muskatellersalbei. Mandarine und Melisse beruhigen und entspannen. Mimose baut zusätzlich seelisch auf. Zimt und Vanille wird eine ausgleichende, beruhigende und entspannende Wirkung nachgesagt. Neroli-Öl harmonisiert.

Hunde wie auch Menschen sprechen sehr gut auf farbiges Licht an. Rot hat sich besonders bei Erschöpfungszuständen und Appetitlosigkeit bewährt. Orange kommt hingegen bei Immunschwäche zum Einsatz. Gelb hilft bei schwachen Nerven und Schockzuständen. Grün wirkt ausgleichend und Blau beruhigend. Violett wird bei Nervosität, Ängstlichkeit, Hysterie und zur Verarbeitung von Traumata eingesetzt.

In speziellen Wellness-Hotels lassen sich Zwei- und Vierbeiner gleichermaßen verwöhnen.

Selbst Musik entspannt Ihren Golden Retriever. Untersuchungen haben ergeben, dass gerade langsame Barockmusik eine sehr beruhigende Wirkung auf Vierbeiner hat. Genauso gut geeignet ist Herrchens oder Frauchens Meditations-CD. Wer musikalisch jedoch auf Nummer Sicher gehen will, kann inzwischen im Fachhandel spezielle Musik für Hunde erwerben.

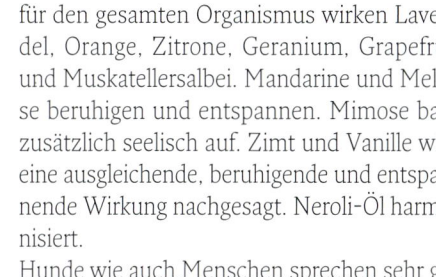

Eine sanfte, sparsam dosierte Aromatherapie kann Hunden zu neuer Energie verhelfen.

Barock- und Meditationsmusik haben eine sehr beruhigende Wirkung auf Vierbeiner.

Ernährung

Eine gesunde, ausgewogene Ernährung bildet die Basis für ein langes, aktives Hundeleben.

Das Wohlfühlprogramm Ihres Golden Retrievers schließt eine ausgewogene Ernährung mit ein, die selbstverständlich auch maßgeblich an der Gesunderhaltung des Vierbeiners beteiligt ist. Füttern Sie nur hochwertiges Futter, das dem Alter, Gesundheitszustand und der Auslastung Ihres vierbeinigen Freundes angepasst ist. So benötigen arbeitende Gebrauchshunde beispielsweise energiereicheres Futter als normal beanspruchte Familienhunde. Auch Welpen brauchen eine andere Ernährung als erwachsene Hunde, schließlich sind sie noch in der Entwicklung. Der Fachhandel hält inzwischen für alle Altersklassen und Bedürfnisse spezielles Hundefutter parat. Mit einem qualitativ hochwertigen Fertigfutter gehen Sie also in jedem Fall auf Nummer sicher: Ihr Golden Retriever wird op-

timal mit allen wichtigen Nährstoffen versorgt. Trotzdem vertragen manche Hunde das handelsübliche Futter nicht. In diesem Fall müssen Sie selbst zum Kochlöffel greifen. Dies ist nicht ganz einfach, denn die richtige Zusammensetzung einer ausgewogenen Ernährung ist fast schon eine Wissenschaft für sich.

Auch das „Barfen" (= biologisch artgerechte Rohfütterung) ist möglich. Aber hier ist eine umfassende Information vorab durch einen Tierarzt oder entsprechende Fachliteratur sehr wichtig.

Im Folgenden finden Sie jedoch einige Tipps für eine abwechslungsreiche und gesunde Hundemahlzeit.

Fleisch und Ballaststoffe in Form von Reis oder Hundeflocken bilden die Basis einer ausgewogenen Hundeernährung. Ach-

Hundegerechtes Kaumaterial ist wichtig. Es sorgt unter anderem für gesunde Zähne.

Tipp!

Für alle Hundefutter-Hobbyköche gibt es im Buch- und Zoofachhandel eine breite Palette an Ratgebern zum Thema „Hundeernährung". Wenn Sie für Ihren Hund kochen, ist ein umfassendes Informieren unerlässlich, damit Ihr Vierbeiner durch einen ausgewogenen Speiseplan wirklich optimal mit allen wichtigen Nährstoffen versorgt wird und es nicht zu Mangelerscheinungen kommt.

ten Sie zusätzlich auf eine ausreichende Vitamin- und Mineralstoffversorgung. Diese geschieht am besten in Form von natürlichen Zusätzen wie frischem, unbehandeltem Obst, Gemüse, Kräutern, Hüttenkäse oder Naturjoghurt. Bei Obst eignen sich Äpfel sehr gut. Sie sind reich an Vitaminen und Mineralien und wirken durch die enthaltenen Pektine entgiftend. Gemüse ist nicht nur gesund, es fördert mit seinen Ballaststoffen auch die Verdauung. Außerdem beeinflusst es positiv den Säure-Base-Haushalt des Hundes. Ideal sind Möhren. Sie enthalten viel Karotin, die Vorstufe von Vitamin A, außerdem Mineralstoffe und Spurenelemente. Geben Sie zusätzlich immer etwas Öl; dies hilft bei der Verwertung des fettlöslichen Vitamin A. Gekochter Broccoli ist ebenfalls sehr gesund; er wirkt krebsvorbeugend und entgiftend. Spinat, Erbsen, grüne Bohnen und Tomaten runden einen ausgewogenen Speiseplan ab. Kräuter wie Brennnesseln, Basilikum, Petersilie, Löwenzahn und Dill sind nicht nur reich an wichtigen Vitaminen, Mineralien und Spurenelementen, sie haben auch eine heilende Wirkung bei verschiedenen Krankhei-

ten (Beispiele siehe ab Seite 104 „Vorsorge"). In Zeiten extremer Anforderung oder erhöhter Krankheitsanfälligkeit ist eventuell ein zusätzliches Vitaminpräparat nötig. Halten Sie sich hier allerdings genau an die vom Tierarzt oder in der Packungsbeilage angege-

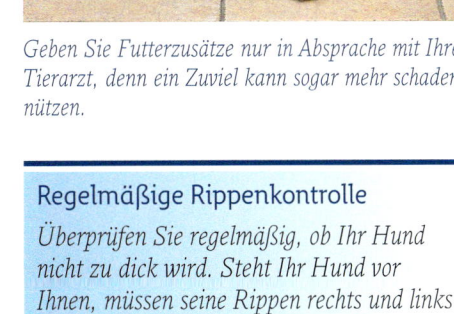

Geben Sie Futterzusätze nur in Absprache mit Ihrem Tierarzt, denn ein Zuviel kann sogar mehr schaden als nützen.

Warnung vor Schokolade

Schokolade enthält Theobromin, das für Hund und Katze lebensgefährlich sein kann. Ein paar Riegel dunkle Schokolade können einen kleineren Hund töten.

Regelmäßige Rippenkontrolle

Überprüfen Sie regelmäßig, ob Ihr Hund nicht zu dick wird. Steht Ihr Hund vor Ihnen, müssen seine Rippen rechts und links deutlich zu spüren sein.

Saubere Hundnäpfe und täglich frisches Wasser sind ein Muss.

bene Dosierung, denn selbst Vitamine können überdosiert schaden.

Schönheit kommt von innen
Der Speiseplan Ihres Hundes ist auch für ein glänzendes Fell und eine gesunde Haut verantwortlich, schließlich kommt Schönheit be-

kanntlich von innen. Eine große Rolle spielen dabei die Vitamine A und E sowie Zink, außerdem essentielle Fettsäuren wie Omega-3 und Omega-6. Um einem Mangel vorzubeugen, der sich in stumpfem Fell, Schuppen, Haarausfall, Juckreiz, fettiger Haut und Infektanfälligkeit äußert, geben Sie ab und zu einen

Selbst gebackene Hundeleckerli
Fischstäbchen
Sie brauchen dafür folgende Zutaten:

1 Dose Thunfisch (im eigenen Saft)
6 EL Haferflocken
2 Eier
2 EL Semmelbrösel
2 EL gehackte Petersilie

Gießen Sie den Saft des Thunfisches ab. Vermischen Sie dann alle Zutaten zu einem homogenen Teig. Formen Sie nun kleine „Stäbchen" und legen Sie diese auf ein mit Backpapier ausgelegtes Backblech. Die Fischstäbchen werden im vorgeheizten Backofen bei 175 °C (mittlere Schiene) ca. 30 Minuten gebacken. Anschließend im Ofen abkühlen lassen. Die Fischstäbchen halten, in einer Frischhaltedose im Kühlschrank aufbewahrt, ca. 2 bis 3 Wochen. Geben Sie Ihrem Hund täglich nicht mehr als drei bis vier dieser Leckerlis, denn sie sind sehr gehaltvoll.

Ihr Hund ist, was er frisst, denn Schönheit kommt bekanntlich von Innen.

Achten Sie bei Ihrem Hund auf eine sportliche Linie, denn Übergewicht ist ungesund.

Löffel Maiskeim-, Sonnenblumen-, Distel- oder Pflanzenöl über das Futter. Hochwertiges Eiweiß ist ebenfalls unverzichtbar, allerdings reagieren manche Hunde allergisch auf rohes Eiweiß. Auch Hefe und Biotin verhelfen zu einer gesunden Haut und glänzendem Fell. Ab und zu ein rohes, frisches Eigelb ist ebenfalls gut für Haut und Haare, denn es enthält viele Spurenelemente und Vitamine. Die zerriebene Eierschale versorgt Ihren Vierbeiner dagegen mit natürlichem Calcium.

Hat Ihr Goldstück ein wenig zugelegt, bauen Sie überschüssige Pfunde Ihres Golden lieber mit einem ausgewogenen, aber kalorienarmen Diätfutter als mit einer Kürzung der normalen Futtermenge ab.

Achten Sie stets auf saubere Hundenäpfe und täglich frisches Wasser.

Elf goldene Futterregeln

🐾 Die Menge macht's

Ein Golden Retriever weiß nicht von selbst, wie viel Futter er braucht. Bieten Sie Ihrem Hund daher auf keinen Fall unbegrenzt Futter an. Bei Fertignahrung finden Sie grobe Richtwerte zu den Mengenangaben auf der Futterpackung. Überprüfen Sie aber immer auch an Ihrem Hund, ob diese Menge angemessen ist, denn häufig wird zu viel Futter angegeben. Kochen Sie selbst, fragen Sie Ihren Tierarzt

nach der angemessenen Portionsgröße für Ihren Vierbeiner. Heikle Tiere werden zum besseren Fressen animiert, wenn ihnen das Futter nur eine begrenzte Zeit (10–15 Min.) zur Verfügung steht.

🐾 Feste Zeiten einhalten

Feste Fütterungszeiten sind wichtig, um den Stoffwechsel des Hundes nicht unnötig durcheinanderzubringen. Füttern Sie daher also nicht wahllos, wenn Sie gerade Zeit haben. Ein ausgewachsener Hund sollte ein- besser noch zweimal täglich seine Mahlzeit bekommen.

🐾 Vorsicht mit Kaltem

Gerade im Sommer ist es wichtig, frisches Hundefutter im Kühlschrank aufzubewahren, damit es nicht verdirbt. Verfüttern Sie es allerdings nur zimmerwarm. Zu kaltes Futter kann Verdauungsprobleme hervorrufen. Außerdem entfaltet Frisch- und Nassfutter seinen vollen Geschmack erst bei Zimmertemperatur. Muss es doch einmal schnell gehen, erwärmen Sie das Fressen kurz im Kochtopf, Wasserbad oder in der Mikrowelle.

🐾 Abwechslung ist Trumpf

Auch Hunde sind Feinschmecker und lieben Abwechslung. Die große Auswahl an Fertigfutter macht es Ihnen hier leicht. Bereichern Sie den Speiseplan zusätzlich hin und wieder mit Äpfeln, Karotten, Quark, Hüttenkäse, Nudeln, Reis oder Kräutern. Beachten Sie bei der Fütterung auch das Alter, den Gesundheitszustand und die Auslastung Ihres Vierbeiners. Inzwischen gibt es für alle Ansprüche speziell zusammengesetzte Nahrung.

🐾 Langsame Futterumstellung

Führen Sie Futterumstellungen nur langsam und schrittweise durch, damit sich der Verdauungstrakt Ihres Hundes an die neue Nahrung gewöhnen kann.

Unsere stark gewürzten Speisen führen bei Vierbeinern schnell zu schweren Gesundheitsstörungen. Füttern Sie nur spezielles und ausgewogenes Hundefutter.

Finger weg von Milch

Natürlich ist Milch auch bei Hunden beliebt. Viele Tiere bekommen davon jedoch Verdauungsstörungen. Daher gilt: Keine Milch, sondern täglich frisches Wasser als Getränk anbieten.

Kein rohes Schweinefleisch

Füttern Sie kein rohes Schweinefleisch, denn dadurch kann sich Ihr Hund mit der lebensbedrohlichen Aujeszkyschen Krankheit infizieren. Die Symptome sind ähnlich wie bei der Tollwut, daher wird die Krankheit auch „Pseudowut" genannt. Schweinefleisch darf nur gut durchgekocht verfüttert werden. Rohes Rindfleisch ist dagegen unbedenklich.

Nach dem Essen sollst du ruhen

Füttern Sie Ihren Golden Retriever immer erst nach einem Spaziergang. Rennen und Toben mit vollem Magen ist tabu: Schnell kommt es zu Verdauungsstörungen bis hin zur lebensgefährlichen Magendrehung.

Es muss nicht immer Fleisch sein

Wölfe nehmen mit dem Darminhalt ihrer Beutetiere immer auch wichtige pflanzliche Nahrung auf. Daher ist es falsch, anzunehmen, Hunde seien reine Fleischfresser. Für eine ausgewogene Ernährung benötigen sie einen gewissen Anteil an pflanzlicher Nahrung. In Fertigfutter wurde dies bereits bei der Zusammensetzung berücksichtigt. Kochen Sie selbst, mischen Sie das Fleisch am besten mit Nudeln, Reis, Gemüse oder speziellen Hundeflocken.

Betteln ist tabu

Fallen Sie nicht auf den treuen Blick Ihres Vierbeiners rein. Sie tun ihm damit nichts Gutes. Erstens erziehen Sie ihn so erst zum Betteln und zweitens bekommt Ihr Hund auf diese Weise auch schnell mal etwas Süßes, das sehr schädlich für ihn ist. Belohnen Sie ihn nur mit speziellen Hundeleckerlis.

Keine Reste vom Tisch

Geben Sie Ihrem Golden Retriever nie Reste Ihrer eigenen Mahlzeit. Ihr Hund darf hier auf keinen Fall vermenschlicht werden, denn er hat ganz andere Ernährungsansprüche als Sie.

Früh übt sich ... Wenn Sie Ihren Hund ausstellen möchten, sollten Sie ihn beizeiten darauf vorbereiten.

Ausstellungen

Für alle Rassehundefreunde sind Hundeausstellungen eine besonders interessante Plattform. Hier können Sie sich bereits vor dem Kauf eines Vierbeiners genau über eine bestimmte Rasse informieren, denn Sie sehen nicht nur etliche Vertreter live, sondern haben auch die Möglichkeit, mit Haltern und Zuchtvereinen in Kontakt zu treten und auf diese Weise Erfahrungsberichte aus erster Hand zu sammeln. Bei den Ausstellungen selbst geht es um die genaue Überprüfung und Bewertung der Hunde hinsichtlich des vorgeschriebenen Rassestandards und der durch den betreuen-

den Verein festgelegten Zuchtkriterien. Für einige Hundehalter ist die Teilnahme an einer Ausstellung reiner Spaß. Sie möchten solch eine Veranstaltung einfach einmal mitmachen, um nur interessehalber zu hören, wie Ihr Vierbeiner vor einem professionellen Richter abschneidet. Vielleicht hat Sie sogar der Züchter Ihres Hundes dazu überredet, schließlich ist es für den Züchter selbst wichtig und interessant zu sehen, wo sein Nachwuchs und somit auch seine Zuchtlinie steht. Viele Aussteller sind bereits in das Zuchtgeschehen involviert. Es sind langjährige und zukünftige Züchter, ordentliche Leinenführigkeit schon die halbe Miete einer gelungenen Präsentation. Bei der anschließenden Einzelbewertung erfolgt die genaue Begutachtung Ihres Hundes durch den Richter: Dieser prüft neben dem Gangwerk das Stockmaß, die genauen Proportionen, Besonderheiten des Standards und die Zähne. Dieses Beurteilungsritual sollten Sie schon vorab üben, damit sich Ihr Golden Retriever auch von fremden Menschen ins Maul sehen und natürlich überhaupt berühren lässt. Der Umgang und das korrekte Vorführen des Hundes fließen in die Bewertung mit ein. Die Richter erkennen so genau, wer mit seinem Vierbeiner das optimale Präsentieren trainiert hat. Nicht selten wird ein Ausstellungsneuling darauf hingewiesen, dass seine Führfehler der Grund für eine schlechtere Bewertung des Hundes sind, im Vierbeiner jedoch mehr Potenzial steckt.

Eine gute und umfassende Vorbereitung für eine Zuchtschau bekommen Sie durch ein professionelles Ringtraining, das von manchen

Der ganze Stolz: das erste Schleifchen.

aber auch Deckrüdenbesitzer, die ihre Vierbeiner über die Teilnahme an Ausstellungen bekannter machen möchten.

Auf einer Hundeausstellung herrscht eine ganz besondere Atmosphäre. Das Sehen und Gesehenwerden steht in jedem Fall im Vordergrund. Die Einteilung der Hunde erfolgt in verschiedene Klassen, getrennt nach Geschlechtern. Bei der abschließenden Bewertung werden bestimmte Formwertnoten vergeben (siehe Kasten Seite 80).

Dabeisein ist alles

Möchten Sie auch einmal mit Ihrem Golden Retriever im Ring stehen, sei es aus reinem Vergnügen oder weil Sie mit ihm züchten möchten, ist ein gutes Sozialverhalten Ihres Hundes natürlich Pflicht. Außerdem ist eine

Üben Sie das richtige Präsentieren Ihres Hundes schon vor der Ausstellung.

So funktioniert's

Rassen- und Klasseneinteilung

Der Golden Retriever wurde von der FCI (Fédération Cynologique Internationale) in die Gruppe 8 Apportierhunde, Stöberhunde, Wasserhunde eingeteilt. Als Startklassen gibt es:

- *Jüngstenklasse (6–9 Monate)*
- *Jugendklasse (9–18 Monate)*
- *Zwischenklasse (15–24 Monate)*
- *Offene Klasse (ab 15 Monate)*
- *Veteranenklasse (ab 8 Jahre)*
- *Gebrauchshundklasse (ab 15 Monate mit Arbeitsprüfung)*
- *Championklasse (ab 15 Monate für Champions und Gewinner bestimmter Titel)*
- *Ehrenklasse (startberechtigt nur mit dem FCI-Titel „Internationaler Schönheits-champion")*

Formwertnoten

- *Vorzüglich (V)*
- *Sehr gut (SG)*
- *Gut (G)*
- *Genügend (Ggd)*
- *Disqualifiziert (Disq)*

Die vier besten Hunde einer Klasse werden platziert, sofern sie mindestens die Formwert-note „Sehr gut" erhalten haben.

Beurteilungen in der Jüngstenklasse

vielversprechend (vv)
versprechend (v)
wenig versprechend (wv)

Weitere Wettbewerbe

__Zuchtgruppe__ Sie besteht aus mindestens drei Hunden einer Rasse aus demselben Zwinger; die Hunde müssen am Tag der Ausstellung in der Einzelbewertung minde-stens den Formwert „Gut" bekommen haben.

Die FCI teilt den Golden Retriever in die Gruppe 8 ein.

__Paarklasse__ Sie besteht aus jeweils einem Rüden und einer Hündin, die Eigentum eines Ausstellers sein müssen.

__Juniorhandling__ Dies ist ein Vorführwettbe-werb für Jugendliche, der als Vorbereitung ge-dacht ist, Hunde auch später im Ausstellungs-ring zu präsentieren.

__Veteranen-Wettbewerb__ Hier können Hunde ab dem 8. Lebensjahr starten. Es wird nach den Vorgaben des Standards besonders die Gesamtkonstitution, der Pflegezustand des Vierbeiners sowie die im Ring gezeigte Kondi-tion beurteilt.

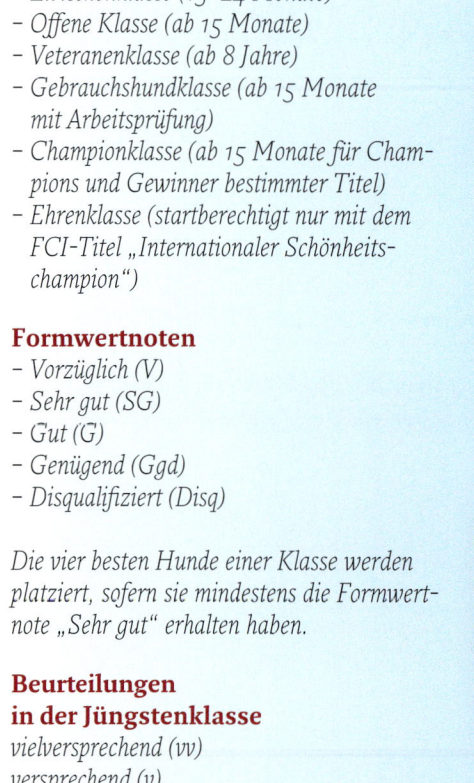

Mindestens drei Hunde einer Rasse aus demselben Zwinger, die am Ausstellungstag jeweils minde-stens ein „Gut" bekommen haben, dürfen als Zuchtgruppe starten.

Gelassene, nervenstarke Hunde, die nichts so schnell aus der Ruhe bringt, tun sich auf Ausstellungen leichter. Sie lassen sich durch die Menschen- und Hundeansammlungen nicht stressen.

Hundevereinen oder auch Züchtern angeboten wird. Für die Teilnahme an einer Zuchtschau sollten Sie sich aber nicht nur im Vorfeld Zeit nehmen, auch die Ausstellung selbst dauert meist einen ganzen Tag, wobei Sie die meiste Zeit sicherlich mit Warten verbringen. Wie die Hunde selbst das Ausstellungsgeschehen aufnehmen, ist unterschiedlich. Einige Vertreter scheinen sichtlich Spaß am Präsentieren und Posieren zu haben. Bei anderen Gespannen ist der Spaß am Gesehenwerden eher auf den Zweibeiner begrenzt, der Vierbeiner hingegen würde den Tag sicherlich lieber tobend im Freien verbringen. In jedem Fall muss ein Gol-

den Retriever für eine Ausstellung eine gewisse Nervenstärke mitbringen, damit ihn die Menschen- und Hundeansammlung auf engstem Raum nicht unnötig stresst.

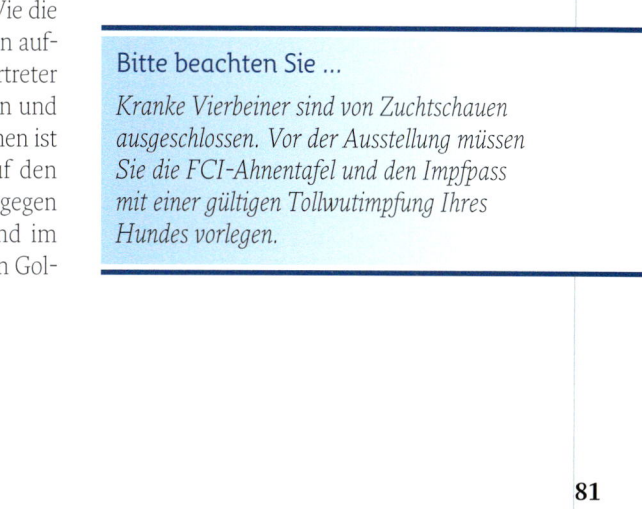

Bitte beachten Sie …

Kranke Vierbeiner sind von Zuchtschauen ausgeschlossen. Vor der Ausstellung müssen Sie die FCI-Ahnentafel und den Impfpass mit einer gültigen Tollwutimpfung Ihres Hundes vorlegen.

... im Revier, in Freizeit und Alltag

In Gemeinschaft mit gleichgesinnten Hundehaltern macht das Gassigehen am meisten Freude.

Dabeisein ist für ein soziales Tier wie einen Hund alles. Daher gibt es für ihn nichts Schöneres, als seine Leute so oft wie möglich zu begleiten. Mit einem wohlerzogenen Golden Retriever können Sie sich eigentlich überall sehen lassen.

Ein gewisser Grundgehorsam und eine gute Sozialisation des Vierbeiners sind also schon die halbe Miete für gemeinsame, entspannte Freizeitaktivitäten und einen abwechslungsreichen Alltag.

Der Golden Retriever als Jagdbegleiter

Ursprünglich wurde der Golden Retriever als Jagdgebrauchshund gezüchtet. Mancherorts wird er noch heute jagdlich geführt. Vor allem in Großbritannien und in den USA sind die Vierbeiner beliebte Jagdbegleiter.

Wegen ihrer ausgeprägten Wasserfreude und ihres starken, durch nichts ablenkbaren Apportiertriebs setzte man Golden Retriever zunächst vorwiegend bei der Entenjagd ein. Inzwischen haben sich die intelligenten Arbeitstiere auch bei der Niederwildjagd in un-

terschiedlichstem Gelände einen Namen gemacht. Ihr „weiches Maul", also die Fähigkeit,
das Wild so sanft aufzunehmen, dass es unversehrt bleibt, kam ihnen hierbei genauso
zugute wie ihr ausgezeichneter Spürsinn, ihre
Verlässlichkeit, ihre große Ausdauer, ihr Eifer
und ihre Begeisterung, für ihren Herrn zu arbeiten („will to please"). Das ausgeglichene
Wesen, der gute Gehorsam, die absolute
Standruhe („steadiness") sowie die Fähigkeit
des genauen Beobachtens und Einprägens
der Wildfallstellen („marking") runden das
Bild dieses perfekten Jagdbegleiters ab.
Zudem lassen sich Golden Retriever sehr gut
zusammen mit anderen Jagdhunden einsetzen, denn sie sind sehr verträglich mit Artgenossen. Neben dem „marking" ist das „blind
retrieve" (= Einweisen) eine weitere retriever-
typische Arbeitsweise im Jagdgebrauch. Hierbei wird der Hund möglichst auf direktem
Weg durch Handzeichen des Jägers, für ihn
nicht sichtbar, zu gefallenen Stücken ge-
schickt. Unmittelbar erlegtes Wild kann der
Golden Retriever sofort apportieren, während
er krank geschossene Tiere erst anhand ihrer
Fährte finden muss.
Der Golden Retriever kommt sowohl vor als
auch nach dem Schuss zum Einsatz. So eignet
er sich sehr gut zum Buschieren (= Wildsuche
in meist unübersichtlichem Gelände direkt vor

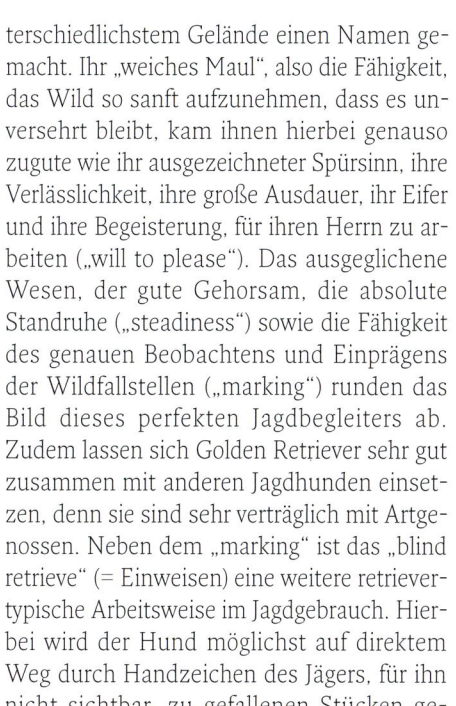

*Auch wenn der Golden als Jagdgebrauchshund gehalten
wird, braucht er unbedingt Familienanschluss.*

der Flinte des Jägers) oder zum Stöbern in
weiterer Entfernung vom Hundeführer. Ebenso zuverlässig arbeitet er auf der Fährte ange-
schossenen Niederwildes oder auf der
Schwimmspur von Wasservögeln. Wegen seines ruhigen, konzentrierten Arbeitsstils wird
der Golden Retriever auch häufiger zur Nach-
suche von Schalenwild eingesetzt. Zwar ist der
Golden so gut wie nie spurlaut, jedoch kann
man ihm das Verweisen sehr gut beibringen.
Für Totsuchen sind die blonden Retriever in
jedem Fall geeignet.

*Der Golden Retriever ist ein vielseitiger Allrounder, der nicht nur zum Buschieren und Stöbern, sondern auch
für die Wasserarbeit sehr gut geeignet.*

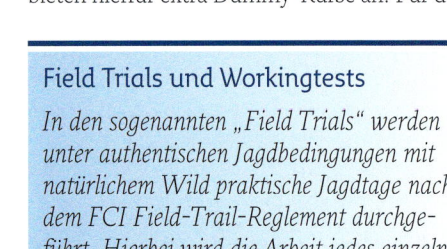

Damit der vierbeinige Jagdbegleiter auch während der jagdfreien Zeit nicht aus der Übung kommt, bietet sich das Trainieren mit Dummys an.

Vielseitiger Helfer im Revier

Der Golden Retriever ist ein vielseitiger Allrounder, der nicht nur einen Hobbywaidmann, sondern auch den Berufsjäger passioniert bei der Arbeit in Wald und Feld unterstützt. Die jagdliche Ausbildung muss von Anfang an einfühlsam, partnerschaftlich und fair erfolgen. Härte und Zwang sind fehl am Platz. Sie führen nur zum Vertrauensbruch mit dem Halter und zur gänzlichen Arbeitsverweigerung. Intensiver Familienanschluss ist für die positive Entwicklung des Hundes unerlässlich. Eine Zwingerhaltung ist auch für den Jagdgebrauchshund absolut tabu. Einige Rassezuchtvereine bieten diverse jagdpraktische Übungslehrgänge an, damit die Jagdeigenschaften des Golden nicht in Vergessenheit geraten. Zudem werden Prüfungen abgehalten. Grundvoraussetzung für die Teilnahme an jagdlichen Prüfungen ist ein gültiger Jagdschein oder der Nachweis über die laufende Ausbildung zum Jäger. Manche vereinsinterne Seminare stehen auch Nichtjägern offen.

Dummy-Arbeit auch für Nichtjäger

Für die Ausbildung junger Hunde und für die Erhaltung des Leistungsstandards erwachsener Vierbeiner während der jagdfreien Zeit, eignet sich sehr gut die Arbeit mit Dummys (= spezielle, längliche Apportiersäckchen aus verschiedenen Materialien). Die Rassezuchtvereine bieten hierfür extra Dummy-Kurse an. Für den

Field Trials und Workingtests

In den sogenannten „Field Trials" werden unter authentischen Jagdbedingungen mit natürlichem Wild praktische Jagdtage nach dem FCI Field-Trail-Reglement durchgeführt. Hierbei wird die Arbeit jedes einzelnen Hundes wettbewerbsmäßig bewertet.

Bei einem „Workingtest" oder „Cold-Game-Workingtest" hingegen sind die Jagdverhältnisse simuliert: Die Leistung der Hunde wird anhand von „kaltem" Wild oder mithilfe von Dummys überprüft.

reinen Familienhund ist die Dummy-Arbeit eine sinnvolle Alternative zum Jagdgebrauch. Das Dummy ist dabei der Ersatz für Federwild. Die diversen Such- und Apportieraufgaben orientieren sich stark am echten Jagdeinsatz. „Marking" und „blind retrieve" (siehe Seite 83) sowie „hi lost" (= Verlorensuche) und die Wasserarbeit werden auch beim Dummy-Training gefordert. Inzwischen gibt es Dummy-Wettkämpfe auf verschiedenen Leistungsebenen. Voraussetzung für die Dummy-Arbeit ist ein guter Grundgehorsam. Das Training mit dem Bringsel lässt sich gut in die täglichen Spaziergänge integrieren. Schon Welpen können spielerisch an die Dummy-Arbeit herangeführt und somit rassegerecht gefordert werden.

Hundesport

Ihr Golden Retriever kann seine positiven Eigenschaften nur mit einer angemessenen Auslastung voll und ganz entfalten. Eine Möglichkeit den temperamentvollen Vierbeiner zu fordern ist Hundesport. Inzwischen werden auf vielen Hundeplätzen ganz unterschiedliche Sportarten angeboten. Auch im Wettkampfsport soll für alle Beteiligten stets der Spaß im Vordergrund stehen. Die intensive

Begleithundeprüfung (BH)

Voraussetzung für die Ausübung einiger Sportarten (z. B. Agility, Fährtenhund) ist eine bestandenen Begleithundeprüfung. Das Mindestalter der wedelnden Prüflinge liegt bei 15 Monaten. Der Vierbeiner muss auf dem Hundeplatz verschiedene Unterordnungsübungen absolvieren; außerdem gilt es außerhalb des Platzes einen Verkehrsteil zu bestehen, der das sichere und freundliche Verhalten des Hundes gegenüber anderen Verkehrsteilnehmern und Artgenossen überprüft. Für den Hundeführer gibt es zuvor noch eine theoretische Prüfung.

Beschäftigung miteinander schweißen Herr und Hund schnell zu einem unzertrennlichen Dream-Team zusammen.
Im Folgenden stellen wir Ihnen einige Sportarten vor, die gut für einen Golden Retriever geeignet sind.

Agility
Agility ist mehr als nur ein schneller Sport. Agility festigt und vertieft die Bindung zwischen Zwei- und Vierbeinern. Laut FCI-Reg-

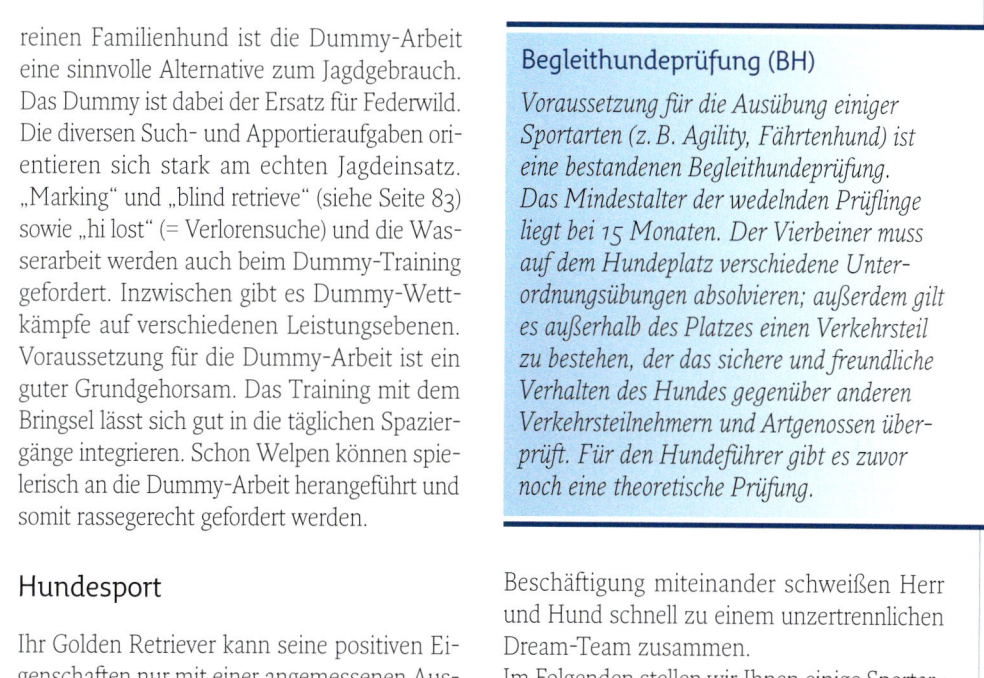

Eine angemessene Auslastung und sinnvolle Beschäftigung sind für Ihren Golden sehr wichtig – das schweißt Sie beide auch zu einem Dream-Team zusammen.

Agility ist eine schnelle Hundesportart, bei der eine gute Zusammenarbeit zwischen Mensch und Hund zählt.

lement erfolgt eine Einteilung in drei verschiedene Startklassen je nach Größe des Hundes. Ein professioneller Parcours besteht aus 15 bis 20 Hindernissen und hat eine Länge zwischen 100 und 200 m. Bei einem Turnier sollten mindestens sieben Hochsprung-Hürden vorhanden sein. Zum Standard gehören zehn Geräte, der Richter stellt davon mindestens sieben. Zudem müssen mindestens zwei Richtungswechsel im Parcours enthalten sein. Die Bewertung erfolgt am Ende je nach Zeit, eventuellem Abwurf oder Verweigerung. Schnelligkeit und Präzision sind hierbei sehr wichtig. Daher ist ein optimales Zusammenspiel zwischen Mensch und Hund unerlässlich.

Turnierhundesport

Turnierhundesport (THS) bietet für jeden etwas, denn hier gibt es auch je nach Alter des Halters unterschiedliche Startklassen. Mensch und Hund bilden als gleichgestellte Partner ein Team; in die Endnote fließen also nicht nur die Leistungen des Vierbeiners, sondern auch die des Zweibeiners mit ein. Innerhalb des Turnierhundesports gibt es verschiedene, abwechslungsreiche Wettbewerbsformen wie Hindernislauf-Turniere, Vierkampf (Gehorsam, Hürden-, Slalom und Hindernislauf), Geländelauf (2000 m/5000 m), Combination Speed Cup (CSC; Mannschaftswettkampf, in dem drei Mannschaftsmitglieder in einem in drei Sektionen eingeteilten Parcours als Staffel laufen), Shorty (Kurz-Bahn-„CSC" für Zweier-Mannschaften mit zwei Geräte-Sektionen) und Qualifikations-Speed-Cup („QSC"; Wettkampf nach dem K.-o.-System auf zwei baugleichen Parcours).

Der Hindernislauf ist ein beliebtes Element aus dem Turnierhundsport.

Die beim Trickdogging gelernten Kunststückchen und Spiele lassen sich wunderbar zwischendurch zu Hause oder auf dem Spaziergang einbauen.

Trickdogging

Immer mehr Hundeschulen bieten Kurse oder Workshops in Trickdogging an. Dabei werden Gehorsamkeitsübungen mit Spaßlektionen verbunden. Die vierbeinigen Schüler lernen kleine Kunststückchen und Spiele, die der Hundeführer auf Spaziergängen oder bei schlechtem Wetter im Haus ganz einfach „abfragen" kann. Hier ist also Kopfarbeit gefragt. Im Mittelpunkt steht immer der Spaß und nicht die perfekte Leistung. Die Palette der Übungen ist groß: Winken, verbeugen, „give me five", das schnurlose Telefon bringen oder ein Taschentuch aus der Hose ziehen sind nur einige wenige Beispiele.

Da dieses Training individuell auf jeden einzelnen Vierbeiner zugeschnitten werden kann,

Bei der Fährtenarbeit beginnt der Vierbeiner mit dem Kommando „Such" einer Spur zu folgen. Hat er das Gesuchte gefunden, zeigt er dies etwa durch Ablegen an.

ist es auch gut für ältere Golden Retriever, Hunde mit Handicap oder ängstliche Hunde geeignet.

Bitte beachten Sie ...

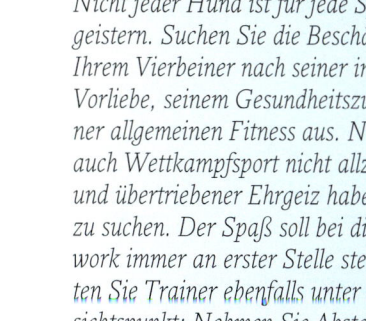

Nicht jeder Hund ist für jede Sportart zu begeistern. Suchen Sie die Beschäftigung mit Ihrem Vierbeiner nach seiner individuellen Vorliebe, seinem Gesundheitszustand und seiner allgemeinen Fitness aus. Nehmen Sie auch Wettkampfsport nicht allzu ernst: Drill und übertriebener Ehrgeiz haben hier nichts zu suchen. Der Spaß soll bei diesem Teamwork immer an erster Stelle stehen. Betrachten Sie Trainer ebenfalls unter diesem Gesichtspunkt: Nehmen Sie Abstand von strengen, autoritären Unterrichtsmethoden. Hu-

morvolle Motivationen sind das A und O einer optimalen Vertrauensbeziehung zwischen Ihnen und Ihrem Hund. Nur so macht Ihrem Vierbeiner die Zusammenarbeit mit Ihnen Spaß und nur so ist sie Erfolg versprechend. Hundesportplätze und -vereine in Ihrer Nähe finden Sie über das Internet. Auch Tierschutzvereine, Tierärzte, Zoogeschäfte oder andere Hundebesitzer in Ihrer Umgebung sind geeignete Ansprechpartner auf der Suche nach einer passenden Trainingsmöglichkeit. Bevor Sie sich endgültig für einen Hundeplatz entscheiden, ist ein mehrmaliges Zuschauen vorab sowie Gespräche mit Trainern und Teilnehmern empfehlenswert. Haben Sie die Möglichkeit, sehen Sie sich am besten gleich mehrere Übungsplätze näher an. Ebenfalls hilfreich für die Entscheidungsfindung ist die Teilnahme an einer Probestunde. Wichtig ist, dass die Kursleiter individuell auf jede Hundepersönlichkeit eingehen.

Begleitet Ihr Hund Sie an der Leine beim Rad fahren, achten Sie darauf, dass Sie die Leine nicht um Ihr Handgelenk wickeln.

Fährtenarbeit

Bei der Fährtenarbeit lernt ein Hund, einer menschlichen Spur in natürlichem Gelände zu folgen. Die Einweisung des Vierbeiners erfolgt am Anfang, dem sogenannten Ansatz der Fährte mit dem Kommando „Such". Der Halter ist mit einer 10-m-Leine mit dem Hund verbunden. Der Vierbeiner trägt bei dieser Arbeit ein spezielles Geschirr. Je nach Schwierigkeitsgrad sind in die zu verfolgende Spur spitze und stumpfe Winkel sowie kreuzende Fremdfährten (Verleitungen) eingebaut. Findet der Vierbeiner unterwegs Gegenstände von seinem Herrn, muss er diese beispielsweise durch Ablegen anzeigen (verweisen). Der Halter zeigt dem Richter den Gegenstand und setzt den Hund erneut auf der Fährte an. Am Ende der Spur winkt der wedelnden Supernase eine tolle Belohnung.

Obedience

Obedience ist ein Gehorsamstraining, das ausschließlich über die Futter- bzw. Beutemotivation oder mittels Clicker aufgebaut wird. Hier sind Einfühlungsvermögen und Geduld gefragt; der Hund muss viel Kopfarbeit leisten. In der Bewertung zählen die perfekte und schnelle sowie freudige Ausführung durch den Vierbeiner. Obedience beinhaltet Übungen wie „Sitz", „Platz", „Steh", „Bleib", „Bei-Fuß"-Laufen und Apportieren. Einige Lektionen müssen auf Distanz gezeigt werden, beispielsweise das Vorausschicken über eine Hürde und das anschließende Bringen eines Apportierholzes mit erneutem Hindernissprung. Obedience ist Perfektion und Spaß zugleich. Es stellt jedoch sehr hohe Ansprüche an Hund und Halter. Bei der Ausbildung ist viel Fantasie für die richtige Motivation des Vierbeiners gefordert.

Sportbegleiter Golden Retriever

Unterwegs mit dem Fahrrad

Sportliche Menschen können Ihren Sport ohne Weiteres mit der Anwesenheit Ihres Hundes verbinden. Vierbeinige Bewegungsfetischisten wie der Golden Retriever freuen sich über eine Fahrradtour genauso wie Herrchen und Frauchen, die sich in ihrer Freizeit körperlich fit halten wollen. Grundvoraussetzung für die ungefährliche Mitnahme eines Hundes am Rad ist natürlich ein gewisser Gehorsam: Das sichere Herkommen auf Zuruf, gute Leinenführigkeit und einwandfreies Bei-Fuß-Gehen sind ein absolutes Muss für einen ungefährlichen Radausflug mit Ihrem Golden. Führen Sie einen ungeübten Hund langsam an das Laufen neben dem Fahrrad heran, denn auch er muss erst allmählich seine Kondition aufbauen. Bremsen Sie einen zu überschwänglichen Vierbeiner unbedingt ein, er könnte sich leicht selbst überschätzen, schließlich ist eine Radtour für den Hund deutlich anstrengender als für den Radler. Meiden Sie außerdem große Hitze. Halten Sie Ihren rennenden Kameraden vom Fahrrad aus an der Leine (immer auf der rechten Seite!), wickeln Sie die Leine aus Si-

Keinen Sport mit vollem Bauch

Wegen der Gefahr einer Magendrehung darf ein Hund grundsätzlich vor sportlichen Aktivitäten nichts zu fressen bekommen. Füttern Sie ihn auch nicht unmittelbar danach, sondern erst nach einer ca. 20-minütige Erholungspause: Eine große, gierig verschlungene Portion kann zusätzlich Kreislauf belastend sein und schwer im Magen liegen.

cherheitsgründen nie um den Lenker, sondern nehmen Sie diese so in der Hand, dass Sie im Notfall schnell loslassen können. Eine Alternative besteht im Springerbügel: Hier haben Sie die Hände frei und am Lenker, während Ihr Golden Retriever mit einem Kurzführer an einem gefederten Halter am Rad befestigt ist. Eine Sicherheitsvorrichtung sorgt dafür, dass sich die Leine samt Hund im Notfall vom Rad löst und Sie so nicht gefährdet. Sie als Radler sollten bei einer Fahrradtour immer einen geeigneten Helm tragen.

Viel Spaß am laufenden Band
Nach wie vor sind **Joggen**, **Walken** und **Nordic Walking** die Renner unter den Outdoorsportarten. Wie immer gilt für

Ein Energiebündel wie der Golden Retriever begleitet Sie gerne beim Joggen.

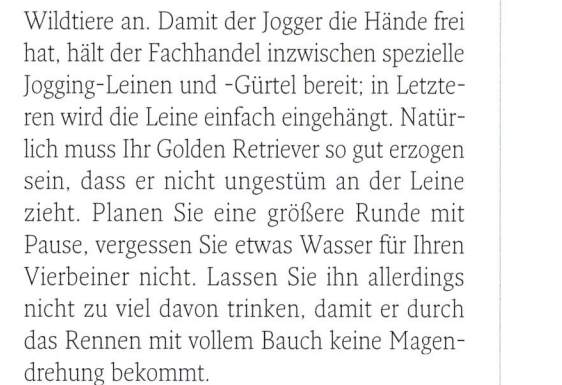

Auch wenn es beim Walken ein wenig gemächlicher zugeht, ist der Golden mit großer Freude als Begleiter dabei.

Mensch und Hund: Geteiltes Vergnügen ist doppelte Freude. Vergessen Sie selbst bei gut folgenden Hunden nie, eine Leine für den Notfall mitzunehmen. Leinen Sie jagdbegeisterte Vierbeiner im Wald mit Rücksicht auf Wildtiere an. Damit der Jogger die Hände frei hat, hält der Fachhandel inzwischen spezielle Jogging-Leinen und -Gürtel bereit; in Letzteren wird die Leine einfach eingehängt. Natürlich muss Ihr Golden Retriever so gut erzogen sein, dass er nicht ungestüm an der Leine zieht. Planen Sie eine größere Runde mit Pause, vergessen Sie etwas Wasser für Ihren Vierbeiner nicht. Lassen Sie ihn allerdings nicht zu viel davon trinken, damit er durch das Rennen mit vollem Bauch keine Magendrehung bekommt.

Inlineskaten Nicht weniger sportlich geht's beim Inlineskaten zu. Damit dieser schnelle

Sport mit Ihrem Golden Retriever jedoch nicht gefährlich wird, sollten Sie sich erst gemeinsam auf die „Piste" wagen, wenn Sie ein wirklich sicherer Skater sind und Ihr Vierbeiner absolut zuverlässig gehorcht. Außerdem ist diese Sportart nur für gut trainierte Hunde geeignet, da der Skater sehr schnell ein relativ hohes Tempo erreicht, dem der Vierbeiner dann standhalten muss. Respektieren Sie unbedingt die Grenzen Ihres Golden. Ein Sprint zwischendurch ist erlaubt, aber fahren Sie nicht ständig am (Tempo-)Limit. Neben einer speziellen Skaterausrüstung für den Zweibeiner, ist für den Hund, zumindest für den Notfall, eine Leine sowie ein Geschirr empfehlenswert.

Wandern Mögen Sie keine flotten Sportarten, probieren Sie es mal mit einer ruhigeren Wanderung. Da jedoch auch hier von Zwei- und Vierbeinern Ausdauer gefragt ist, müssen Sie das Training wieder erst langsam aufbauen. Nehmen Sie für längere Touren neben einer eigenen Brotzeit auch Trinkwasser und, je nach Dauer, eine kleine Futterration sowie einen Napf für Ihren Golden Retriever mit. Vergessen Sie außerdem ein Erste-Hilfe-Notfallset nicht. Einer größeren Vorbereitung bedürfen längere Bergtouren. Sicheres Kartenlesen ist dabei schon eine wichtige Grundvoraussetzung. Klären Sie bei Mehrtagestouren unbedingt vorab, ob Ihr Vierbeiner auch in Hütten übernachten darf.

Nützlicher Freund und Helfer

Da Ihr Hund sehr gerne für Sie arbeitet, können Sie ihn auch gut an das Tragen von Packtaschen gewöhnen. Machen Sie ihn allerdings langsam damit vertraut: Lassen Sie ihn zunächst nur daran schnuppern, legen Sie anschließend die leeren Taschen vorsichtig über seinen Rücken. Loben Sie ausgiebig, wenn er ruhig bleibt und schimpfen Sie nicht, wenn er sich noch dagegen sträubt. Reden Sie behutsam und geduldig auf Ihren Hund ein und zeigen Sie ihm, dass keine Gefahr von den Taschen ausgeht. Schließen Sie den Gurt, sobald der Vierbeiner gelassen bleibt. Beladen Sie die Taschen aber erst (und bitte maßvoll!), wenn Ihr Hund die leeren „Säckchen" anstandslos auf seinem Rücken akzeptiert. Ist dies der Fall, trägt Ihr vierbeiniger Gehilfe bald auf Wanderungen stolz wie Oskar diverse Utensilien wie Proviant, einen kleinen Schirm, eine Leine oder eine eingepackte Regenjacke.
Bitte beachten Sie *Nicht alle Hunde gewöhnen sich an Packtaschen. Zwingen Sie Ihren Vierbeiner nicht an das Tragen, sondern akzeptieren Sie auch eine eventuelle dauerhafte Abneigung.*

10 Spielregeln für Sie und Ihren Golden Retriever

Spielen macht Spaß, allerdings nur, wenn sich alle Mitspieler an bestimmte Regeln halten. Im Zusammenspiel mit Ihrem Golden Retriever bleiben Sie immer der Chef, der auch dafür sorgt, dass Ihr cleverer Vierbeiner nicht still und heimlich Ihre Autorität untergräbt.

- Sie bestimmen Zeitpunkt und Ort.
- Sie sind der Spielzeug-Verwalter.
- Kein Tauziehen mit sehr selbstbewussten Rambos.
- Nach dem Füttern herrscht Spielverbot (Magendrehung).
- Lassen Sie Ihren Hund während des Spiels keine großen Mengen trinken (Magendrehung).
- Nicht in der größten Mittagshitze spielen.
- Auf ausreichende Ruhephasen achten.
- Belohnen Sie nicht nur mit Leckerli, sondern auch mit Stimme, Streicheln und Spielzeug.
- Sie legen das Spielende fest.
- Hören Sie auf, wenn's am Schönsten ist!

Rund ums Spielen

Warum Spielen so wichtig ist

Alle jungen Tiere spielen gerne, denn Spielen macht Spaß, aber nicht nur das: Im Spiel lernt ein Vierbeiner fürs Leben und zwar sein Leben lang. Schon Welpen lernen spielerisch ihre Umwelt kennen, lernen aus guten und schlechten Erfahrungen. Aber auch die Rangordnung innerhalb des Hunderudels und später innerhalb der Familie wird spielerisch ausgetestet. Das Spiel mit Artgenossen legt für Welpen den Grundstein zu einem normal entwickelten, ausgeglichenen Sozialverhalten. Spielen ist aber nicht nur für junge Hunde wichtig. Im Grunde kann ein Vierbeiner bis ins hohe Alter spielerisch lernen. Erwachsene Hunde testen untereinander ebenfalls immer wieder im Spiel ihre Rangordnung aus. Sehr selbstbewusste Tiere versuchen oft innerhalb ihrer Familie durch schelmische Tricks ihre Grenzen und ihren Stand in der Familie auszuloten. Lassen Sie sich nicht einwickeln, sonst haben Sie schnell verspielt. Auch veränderte Lebensbedingungen oder unbekannte Gegenstände werden noch von erwachsenen Hunden spielerisch erforscht. Häufiges Spielen schult außerdem das Gehirn des Vierbeiners. So belegen Studien, dass Hunde, die in ihrer Welpenzeit kaum Eindrücke sammeln konn-

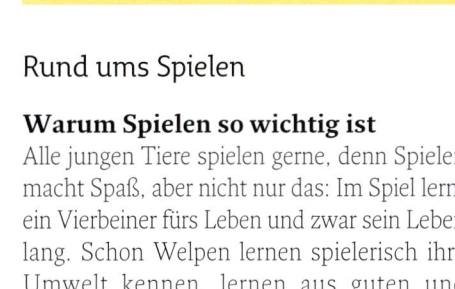

Hunde, die nicht spielen dürfen, können seelisch und auch körperlich verkümmern.

91

Die apportierfreudigen Golden spielen für ihr Leben gerne mit dem Ball.

Mithilfe einer Futterschleppe können Sie die Nasenleistung Ihres Golden gut nachvollziehen.

ten, ihr Leben lang weniger aufnahmefähig sind als Artgenossen, die zwar von den Erbanlagen her nicht so intelligent sind, dafür aber mehr gefördert wurden.

Vierbeiner, denen mehr geboten wird, können sich auch nachweislich besser konzentrieren. Junge Hunde erfahren durch ausgelassenes Toben nach Erziehungseinheiten eine tolle Belohnung. Sie dürfen nun ihren, durch die Anspannung des Lernens aufgestauten Energien so richtig freien Lauf lassen und entspannen sich somit wieder. Gehen Sie die Erziehung Ihres Golden Retrievers spielerisch an, wirkt dies sehr motivierend auf den Vierbeiner, denn der Spaß kommt dabei nie zu kurz. Außerdem entwickelt sich ein intensives Vertrauensverhältnis zwischen Ihnen und Ihrem Hund. Regelmäßige Spielstunden schweißen Sie und Ihren Golden zu einem richtigen Dream-Team zusammen. Auf diese Weise bleibt Ihr wedelnder Kamerad auch im Alter lange körperlich und geistig fit. Schüchterne Vertreter gelangen durch einfache Spiele, die Erfolge bringen, zu einem neuen, gestärkten Selbstbewusstsein. Spielen ist für Hunde jeden Alters also in den unterschiedlichsten Bereichen wie ein Lebenselixier, ohne das sie auf Dauer physisch und psychisch verkümmern würden.

Lustige Hundespiele

Futterschleppe Befestigen Sie hierfür ein Stück Fleisch oder Pansen in einem Netz und ziehen Sie damit eine Spur durch den Garten. Bauen Sie dabei auch Kurven oder Schlangenlinien ein. Führen Sie diesen Parcours an markanten Stellen wie beispielsweise Bäumen oder Büschen vorbei, damit Sie die Nasenleistung Ihres Golden Retrievers anschließend gut nachvollziehen können. Ihr Hund darf diese Vorbereitungen allerdings nicht mitverfolgen. Dann zeigen Sie Ihrem Vierbeiner den Anfang der Spur und fordern ihn mit dem Befehl „Such" auf, ihr zu folgen. Kommt Ihr Golden von der Fährte ab, schimpfen Sie ihn nicht, sondern setzen Sie ihn erneut darauf an und motivieren Sie ihn mit eigener Begeisterung. Folgt er eifrig der Spur, loben Sie ihn ausgiebig. Hat Ihr Golden Retriever schließlich das Ende der Fährte erreicht, belohnen Sie ihn mit einem Leckerli oder einem Stück Wurst. Geben Sie einem jagdlich geführten Retriever keinesfalls das „Schleppmaterial", denn sonst kann sich der Hund leicht zum „Anschneider" (= Anfressen des Wildes) entwickeln.

Vierbeiniger Haushaltshelfer Im Haushalt können Sie Ihren Golden Retriever als Träger einspannen: Verlieren Sie auf dem Weg in die Waschküche einen Socken, erspart Ihnen Ihr vierbeiniger Gentleman lästiges Bücken.

Etwas schwieriger ist das Bringen bestimmter Gegenstände auf Kommando. Hierfür muss Ihr Retriever zusätzlich die Bezeichnung der einzelnen Dinge lernen. Zeigen Sie Ihrem Vierbeiner zunächst höchstens zwei verschiedene Gegenstände und verwenden Sie dabei immer denselben Namen und dasselbe Kommando, z. B. „Pantoffel, Apport". Nimmt er den entsprechenden Gegenstand auf, wird ausgiebig gelobt. Vertut er sich, schimpfen Sie nicht, sondern nehmen Sie ihm mit einem ruhigen „Nein" das falsche Objekt ab und zeigen Sie ihm unter Betonung der richtigen Bezeichnung den gewünschten Gegenstand. Nimmt er nun das richtige Objekt auf, wieder überschwänglich loben und freuen. Klappt die Unterscheidung aus der Nähe, entfernen Sie sich allmählich immer weiter und schicken Sie Ihren haarigen Schüler aus der Distanz zu den jeweiligen Dingen. Nach und nach wird das Erlernte perfektioniert und Ihr Golden Retriever holt Ihnen schließlich Ihre Pantoffeln aus dem Schuhregal und die Zeitung vom Couchtisch.

Im Garten bringt Ihnen Ihr Hund gern eine kleine Gießkanne oder die Gartenhandschuhe.

Kreative Hürden Golden Retriever haben großen Spaß am Überspringen von Hürden.

Apportiert Ihr Hund auf Kommando Spielzeug, lernt er auch schnell, Ihnen Pantoffeln, die Zeitung, eine kleine Gießkanne oder Ähnliches zu bringen.

Hierfür eignet sich gut ein Besenstiel, der auf zwei auseinander gestellte Gartenstühle oder auf umgedrehte Obstkisten gelegt wird. Aus Schutz vor Verletzungen sollte die „Stange" bei einer Berührung leicht herunterfallen. Für größere Gärten ist eine alte Blech- oder Plastiktonne, die aber unbedingt gegen Wegrollen fixiert sein muss, ein interessantes Hindernis, außerdem ein fest aufgestellter, ausrangierter LKW-Reifen, der zum Durchspringen einlädt.

Unter Mithilfe einer weiteren Person, kann Ihr Golden außerdem lernen, über Ihren Rücken zu springen. Knien Sie sich zunächst auf den Boden und stützen Sie sich im 90°-Winkel mit beiden Händen vorne ab, sodass Ihr Rücken eine Art Brücke bildet. Nun lockt die zweite Person den Hund mit einem Leckerli und dem Befehl „Hopp" über Ihren Rücken. Hat Ihr intelligenter Vierbeiner erst einmal das Spiel begriffen, genügt nur noch das Kommando „Hopp" und er wird über die ihm angebotene „Hürde" springen.

Mit Ihren Armen können Sie einen „Reif" bilden, durch den Ihr Retriever ebenfalls gerne

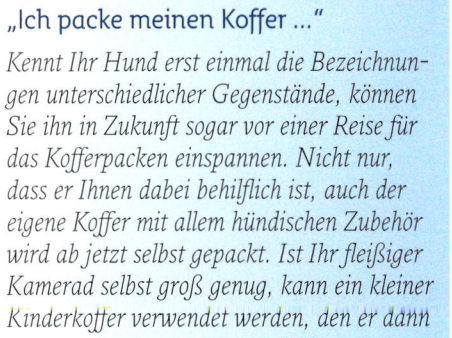

„Ich packe meinen Koffer …"

Kennt Ihr Hund erst einmal die Bezeichnungen unterschiedlicher Gegenstände, können Sie ihn in Zukunft sogar vor einer Reise für das Kofferpacken einspannen. Nicht nur, dass er Ihnen dabei behilflich ist, auch der eigene Koffer mit allem hündischen Zubehör wird ab jetzt selbst gepackt. Ist Ihr fleißiger Kamerad selbst groß genug, kann ein kleiner Kinderkoffer verwendet werden, den er dann natürlich auch selbst tragen darf.

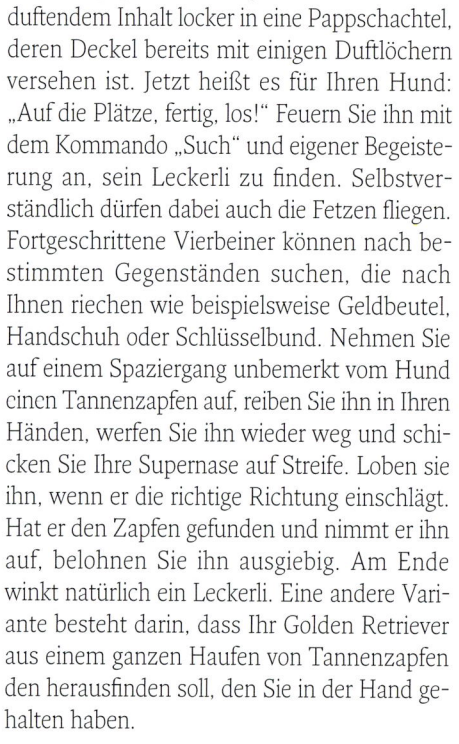

Der Golden ist für Wasserspiele aller Art zu begeistern.

springt. Möchten Sie einmal eine Dogdancing-Choreographie für den Hausgebrauch kreieren, bauen Sie die letztgenannten Sprungelemente mit ein.

Wasserspiele Eine apportierfreudige Wasserratte wie der Golden Retriever holt begeistert Spielzeug aus dem Wasser. Hierfür gibt es im Fachhandel inzwischen spezielles, schwimmendes Neoprenspielzeug. Schwere Bälle aus Vollgummi eignen sich für Hunde, die gerne im flacheren Uferbereich tauchen. Ein verlockendes Leckerli lädt ebenfalls zu einem kurzen Tauchgang ein. Haben Sie kein Naturgewässer in der Nähe, kann auch eine Plastikwanne oder ein Kinderplanschbecken für kleine Tauch- und Planschabenteuer herhalten. Sichern Sie den rutschigen Boden jedoch mit einer Duschwanneneinlage ab.

Werfen Sie Ihrem wedelnden Begleiter im flachen Wasser einen weichen oder aufblasbaren Ball zu, den er dann wieder zu Ihnen zu-

rückstupsen soll. Ist das Wasser tiefer müssen Sie beide schwimmend agieren.

Für Supernasen Ihr Golden Retriever erlebt sein braunes Wunder, wenn Sie ein Stück Pansen in einer speziellen Schnüffelbox verstecken. Wickeln Sie hierfür den Pansen in zerknülltes Zeitungspapier. Dieses geben Sie nun samt duftendem Inhalt locker in eine Pappschachtel, deren Deckel bereits mit einigen Duftlöchern versehen ist. Jetzt heißt es für Ihren Hund: „Auf die Plätze, fertig, los!" Feuern Sie ihn mit dem Kommando „Such" und eigener Begeisterung an, sein Leckerli zu finden. Selbstverständlich dürfen dabei auch die Fetzen fliegen. Fortgeschrittene Vierbeiner können nach bestimmten Gegenständen suchen, die nach Ihnen riechen wie beispielsweise Geldbeutel, Handschuh oder Schlüsselbund. Nehmen Sie auf einem Spaziergang unbemerkt vom Hund einen Tannenzapfen auf, reiben Sie ihn in Ihren Händen, werfen Sie ihn wieder weg und schicken Sie Ihre Supernase auf Streife. Loben sie ihn, wenn er die richtige Richtung einschlägt. Hat er den Zapfen gefunden und nimmt er ihn auf, belohnen Sie ihn ausgiebig. Am Ende winkt natürlich ein Leckerli. Eine andere Variante besteht darin, dass Ihr Golden Retriever aus einem ganzen Haufen von Tannenzapfen den herausfinden soll, den Sie in der Hand gehalten haben.

Vorsicht mit härteren Bällen!

Geben Sie einem jagdlich geführten Golden keine härteren Bälle (z. B. Tennisball) als Spielzeug, denn diese führen zu einem ungewollt „harten Maul" und gegebenenfalls zum Knautschen. Viel besser geeignet sind spezielle Fell- und Wasserdummys.

Gefährliches Hundespielzeug!

☠ *Gefährlich für Hunde ist Kinderspielzeug wie Bausteine oder Stofftiere mit Glasaugen oder Knöpfen, die schnell abgerissen und gefressen sind.*

☠ *Alle spitzen und scharfkantigen Gegenstände sind als Hundespielzeug absolut ungeeignet; dies gilt auch für Spielzeug, in dem spitze Teile wie Nägel oder Drähte eingearbeitet sind.*

☠ *Ebenfalls absolut tabu sind Schnüre, dünne Nylonstrümpfe, Plastikbecher oder Luftballons.*

☠ *Verboten sind Äste von giftigen Sträuchern sowie lackierte Dinge.*

☠ *Zu schweren Verletzungen können Materialien führen, die leicht splittern oder zerbrechen, wie bestimmte Holzarten, Glas, Keramik oder manche Kunststoffteile.*

☠ *Viele weiche Plastikteile werden in Verbindung mit Magensäure zu glasharten spitzen Teilchen*

Bei all diesen Dingen drohen dem Hund nicht nur schwere Verletzungen im Maul, sondern auch im Magen-Darm-Trakt. Im schlimmsten Fall kann Ihr Golden Retriever ersticken, sich den Darm aufreißen oder einen Darmverschluss bekommen.

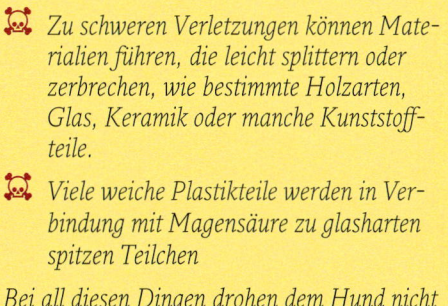

Es muss nicht immer gekauftes Hundespielzeug sein. Ein ausrangierter Handschuh tut's auch.

Erste-Hilfe-Tipp

Hat Ihr Hund doch einmal aus Versehen ein gefährliches spitzes oder scharfes Teil gefressen, füttern Sie als Erste-Hilfe-Maßnahme sofort rohes Sauerkraut; dies wickelt sich im Verdauungstrakt um den Gegenstand, sodass dieser, meist ohne weitere Schäden anzurichten, wieder ausgeschieden wird. Kontaktieren Sie zur Sicherheit aber trotzdem auch Ihren Tierarzt.

Selbst gemachtes Hundespielzeug

Jute- oder Lederspielzeug lässt sich leicht selber herstellen: Nehmen Sie hierfür einen alten Jutesack, füllen sie ihn mit etwas Holzwolle und binden Sie ihn mit einem Baumwollstrick fest zu. Lederreste ergeben zusammengenäht und ausgestopft ebenfalls ein interessantes Apportel. Ein ausrangiertes T-Shirt, ein abgetrenntes Jeansbein, ein ausgedienter Strumpf oder ein altes Handtuch sind, allesamt mit einem großen Knoten versehen, tolle Schleuderspielzeuge. Leere Pizzakartons ergeben lustige Frisbee®-Scheiben für den Hausgebrauch. Am Ende darf Ihr Hund diese Flugobjekte nach Herzenslust zerfetzen.

Der gemeinsame Alltag

Ein wohlerzogener Golden Retriever ist im Alltag ein toller Begleiter. Ihre Freunde freuen sich sicherlich nicht nur über Ihren Besuch, sondern auch über Ihren haarigen Gefährten, der überall schnell gute Laune zaubert. Der gemeinsame Gang in ein Restaurant sowie das

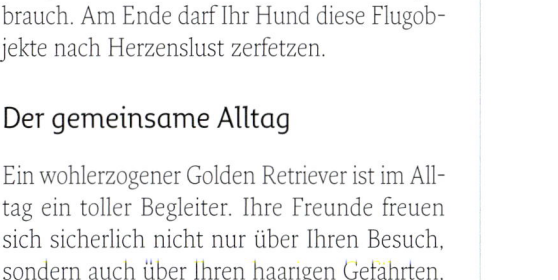

Hat Ihr Golden das gesittete Laufen an der Leine gelernt, ist der Gang durch die Stadt für Hund und Mensch stressfreier.

brave unter dem Tisch Liegen versteht sich für einen vierbeinigen Gentleman von selbst. Mit einem vorbildlichen Hund sind Sie ein gern gesehener Gast, der fast schon negativ auffällt, wenn er einmal ohne seinen vierbeinigen Begleiter kommt. Die mittägliche Einkehr wird Ihrem Golden versüßt, wenn er genüsslich ein

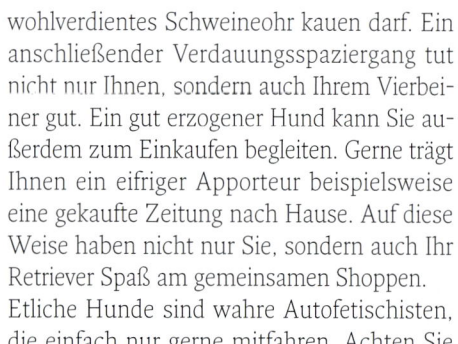

Nehmen Sie Ihren Hund auch an den Badesee mit, denn geteilte Freude ist doppelter Spaß.

wohlverdientes Schweineohr kauen darf. Ein anschließender Verdauungsspaziergang tut nicht nur Ihnen, sondern auch Ihrem Vierbeiner gut. Ein gut erzogener Hund kann Sie außerdem zum Einkaufen begleiten. Gerne trägt Ihnen ein eifriger Apporteur beispielsweise eine gekaufte Zeitung nach Hause. Auf diese Weise haben nicht nur Sie, sondern auch Ihr Retriever Spaß am gemeinsamen Shoppen.

Etliche Hunde sind wahre Autofetischisten, die einfach nur gerne mitfahren. Achten Sie hier unbedingt auf die ausreichende Sicherung Ihres Vierbeiners, ansonsten kann es im Falle eines Unfalls nicht nur gefährlich, sondern auch teuer werden, denn Tiere gelten im Auto rechtlich gesehen als Ladung. Sicherungssysteme gibt es viele, doch leider sind nicht alle wirklich empfehlenswert. Achten Sie bei der Auswahl am besten auf vorliegende Ergebnisse von Crashtests oder DIN-Prüfungen. Auch der ADAC hat eine Liste mit Vor- und Nachteilen unterschiedlicher Sicherungseinrichtungen wie Spezialsicherheitsgurte, Trenngitter, Transportboxen & Co. herausgegeben.

Natürlich kann Sie Ihr Golden Retriever bei vielen weiteren Aktivitäten begleiten: zum Beispiel bei einem Ausflug an einen Badesee oder im Winter zum Langlaufen. Vielleicht haben Sie auch einen hundefreundlichen Chef, der sich über einen vierbeinigen Mitarbeiter mit Aufgabenschwerpunkt „Verbesserung des Betriebsklimas" freut. Wichtig ist bei allem, dass Sie Ihren Hund ganz behutsam an die jeweils neue Situation heranführen. Sparen Sie dabei nie mit Lob. Trauen Sie ihm andererseits aber auch außerhalb Ihrer vier Wände ruhig ein ordentliches Auftreten zu. Nur Mut!

Hundesitter und -tagesstätten

Immer wieder einmal wird es vorkommen, dass Sie Ihren Golden nicht mitnehmen können. Wenn Sie länger als fünf Stunden abwesend sind, sollten Sie Ihren Vierbeiner bei einem Hundesitter unterbringen. Idealerweise finden Sie jemanden im Freundes- oder Verwandtenkreis, der Ihren Retriever liebt und bei dem sich auch Ihr Hund wohlfühlt. Ist dieser Fall für Sie unrealistisch, fragen Sie andere Hundebesitzer, die Sie täglich beim Spaziergang treffen. Vielleicht kennt jemand eine hundebegeisterte Person, die selbst keinen Vierbeiner halten kann, aber hoch erfreut über gelegentlichen Hundebesuch ist. Häufig sind Tiersitter auch Tierärzten, Tierschutzvereinen, Hundeschulen oder Zoofachhändlern bekannt. Empfehlenswert ist ebenfalls der Blick in die Kleinanzeigen Ihrer Tageszeitung oder ins Internet. Möchten Sie Ihren Golden Retriever lieber von einem Profi betreuen lassen, wenden Sie sich an eine Hundetagesstätte. Hier sind meist mehrere Vierbeiner gleichzeitig „geparkt". Für gut sozialisierte Hunde ist dieser Aufenthalt ein großer Spaß, da sie hier viel Kontakt mit Artgenossen bekommen. Sensiblere Vertreter fühlen sich eventuell bei einem privaten Betreuer wohler, denn er kümmert sich ganz individuell ausschließlich nur um ihn. Tagesstätten sind häufig Hundepensionen oder -hotels angegliedert. Der Aufenthalt hier ist in der Regel teurer als bei einer privaten Stelle. Andererseits können Sie in professionellen Betrieben oftmals Extras buchen wie Erziehungstraining, Tierarztbesuche oder Wellnessprogramme. Nehmen Sie sich auf alle Fälle viel Zeit für die Suche und Auswahl eines geeigneten Hundesitters. Sehen Sie sich vor Ort genau um und beobachten Sie gut, wie Mensch und Hund miteinander umgehen und aufeinander reagieren. Nur wenn ein optimales Vertrauensverhältnis gegeben ist, werden sich beide Seiten wohlfühlen. Und nur dann können Sie beruhigt auch mal ohne Ihren Golden unterwegs sein. Wichtig ist außerdem, den Vierbeiner möglichst frühzeitig an die Unterbringung bei anderen Personen zu gewöhnen, dann fällt ihm später die vorübergehende Trennung von Ihnen nicht so schwer.

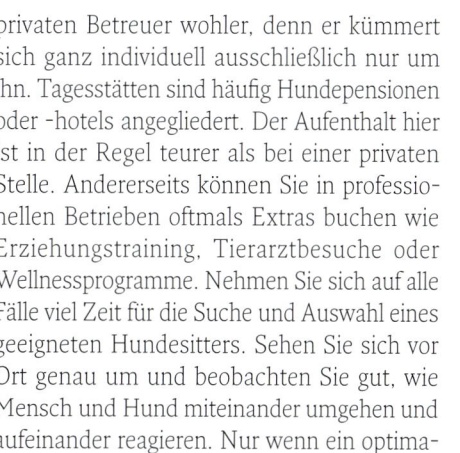

Bei der Suche nach einem geeigneten Hundesitter sollten Sie sich unbedingt Zeit nehmen.

... im Urlaub

Längere Zeit mit der Familie rund um die Uhr zusammen sein – das ist der Traum eines jeden Golden Retrievers.

Mit dem Golden Retriever auf Reisen

Ein Golden Retriever ist am liebsten immer und überall mit dabei, daher gibt es für ihn auch nichts Schöneres als Sie im Urlaub zu begleiten. Ein sicherer Garant für eine erholsame Reise ist in erster Linie eine gute Organisation im Vorfeld. Wollen Sie ins Ausland fahren, sprechen Sie unbedingt vor Ihren Ferien mit Ihrem Tierarzt. Er wird Sie beraten und aufklären und Ihnen alle erforderlichen Medikamente mitgeben. Vergessen Sie nicht, den auf dem Mikrochip des Hundes enthaltenen Code spätestens vor einer geplanten Reise bei einem Tierregister (siehe Seite 126 „Hilfreiche Adressen") eintragen zu lassen, damit Ihr Vierbeiner im Falle eines Verschwindens schneller wiedergefunden werden kann. Besorgen Sie rechtzeitig alle Grenzpapiere, fehlendes Reisezubehör und Hundefutter.

Nach der Auswahl eines hundefreundlichen Urlaubsortes, geht es an die Suche einer geeigneten Unterkunft. Möchten Sie ein All-Inclusive-Paket buchen, sind Sie mit einem tierfreundlichen Hotel gut beraten. Inzwischen

Zur Identifizierung empfehlenswert und inzwischen innerhalb der EU sogar Pflicht ist ein Mikrochip, der dem Hund unter die Haut gespritzt wird.

gibt es sogar richtige Hundehotels, in denen sich Herr und Hund gleichermaßen verwöhnen lassen können. Außerdem werden Hotels mit angegliederter Hundeschule immer beliebter. Gerade Singles treffen hier viele Gleichgesinnte und knüpfen schnell Kontakte.

Wer es lieber ruhig hat, gerne flexibel ist und auf Luxus gut verzichten kann, dem sei ein Ferienhaus oder -wohnung empfohlen. Hier sind Sie Ihr eigener Herr und haben für sich und Ihren Golden Retriever viel Platz. Für abenteuerlustige Outdoorfreaks stellen urige Camping- und Hüttenaufenthalte sowie Trekkingtouren mit Hund eine reizvolle Alternative zum herkömmlichen Urlaub dar. Erkundigen Sie sich aber unbedingt vorab, ob Ihr Vierbeiner auch wirklich willkommen ist. Entsprechende Adressen und Informationen bekommen Sie über das Internet oder das Tourismusbüro Ihres ausgewählten Ferienortes.

Der Hunde-Fahrplan

Die Wahl des passenden Verkehrsmittels gehört ebenfalls zu einer guten Urlaubsorganisation. Je nach Land und gewähltem Verkehrsmittel gibt es für die Mitnahme eines Hundes einiges zu beachten, schließlich soll schon die

Eine vorschriftsmäßige Sicherung des Hundes im Auto ist Pflicht.

> **Tipp!**
> *Wenn Sie selbst eine kurze Pause benötigen, lassen Sie Ihren Hund an heißen Tagen nie im Auto zurück. Auch geöffnete Fenster verhindern nicht die enorme Aufheizung des Autos, das für den Vierbeiner schnell zur quälenden und tödlichen Falle werden kann.*

Anreise für alle Beteiligten stressfrei und entspannend sein. Am beliebtesten ist sicherlich die Fahrt mit dem Auto. Ihr Golden Retriever benötigt hier unbedingt einen eigenen Platz, an dem er vorschriftsmäßig gesichert ist. Achten Sie außerdem auf ausreichend Kühlung sowie Frischluft und Wasser. Vermeiden Sie jedoch Zugluft, denn die kann zu schweren Augenentzündungen und Erkältungen führen. Regelmäßige Gassi- und Trinkpausen sind ein Muss. Halten Sie dafür immer Wasserflasche und -napf griffbereit. Füttern Sie Ihren Hund zuletzt maximal vier Stunden vor Reiseantritt, ansonsten liegt ihm sein Futter unterwegs schwer im Magen. Führt Ihre Strecke über Bergstraßen, bieten Sie Ihrem Vierbeiner bei häufigem Gähnen oder Hecheln ein paar Leckerli oder einen Kauknochen an, damit sich der unangenehme Druck auf den Ohren löst. Planen Sie auf jeden Fall genug Zeit für die Anreise ein, eventuell sogar mit Zwischenübernachtungen. Die besten Reisezeiten sind morgens und abends, eventuell sogar nachts. Versuchen Sie, Staugebiete zu umfahren. Kommen Sie trotzdem in einen Stau, verlassen Sie bei nächster Gelegenheit lieber die Autobahn für einen Spaziergang, bis sich der Stau wieder aufgelöst hat.

Mit der Bahn unterwegs

Für die Fahrt in einem öffentlichen Verkehrsmittel ist ein guter Benimm Ihres Golden Retrievers eine selbstverständliche Grundvoraus-

Eine Bahnreise verlangt von Ihrem Golden Nervenstärke und Souveränität.

setzung. Außerdem ist eine gewisse Nervenstärke nötig, denn nicht nur auf dem Bahnsteig, sondern auch im Zug selber muss Ihr vierbeiniger Begleiter häufig mit Menschenmengen und großer Enge fertig werden. Gehen Sie vor der Abreise noch ausgiebig spazieren, damit Ihr Hund nicht nach einiger Zeit im Zug unruhig wird. Längere Aufenthalte sind für kleine Pinkelpausen nützlich. Nehmen Sie für den Notfall ein Kottütchen mit. Lassen Sie Ihren Golden nie auf dem Bahnsteig frei laufen, denn durch das dortige Treiben könnte er leicht in Panik geraten und entwischen. In der Bahn ist ebenfalls Leinenzwang angesagt. Hunde in der Größe eines Golden Retrievers müssen einen Maulkorb tragen (außer Blindenhunde) und benötigen eine Kinderfahrkar-

te. Weitere Infos finden Sie im Internet unter **www.bahn.de**.

Unterwegs in Bus und Taxi

In vielen Städten gibt es spezielle Tiertaxis. Aber auch in normalen Taxis dürfen Hunde mitfahren. Erwähnen Sie aber bereits bei der Bestellung, dass Sie ein Vierbeiner begleitet. Busfahren ist in manchen Städten für Hunde kostenlos, in anderen gilt der halbe Fahrpreis. Fragen Sie entweder gleich vor Ort den Fahrer oder erkundigen Sie sich vorab beim örtlichen Fremdenverkehrsbüro.

„Eine Seefahrt, die ist lustig ...“

Fährüberfahrten mit einer Dauer von ein bis drei Stunden stellen für Hundebesitzer meist kein Problem dar, weil der Vierbeiner in der Regel mit an Deck darf. Allerdings kann dies auch von Land zu Land verschieden sein, erkundigen Sie sich also lieber vorab bei Ihrem Reiseveranstalter. Bei längeren Strecken sind Hunde häufig wegen fehlender Unterbringungsmöglichkeiten nicht zugelassen. Manche Fähren bieten inzwischen schon spezielle Hundekabinen an. Grundsätzlich gilt auf Schiffen Leinenzwang, manchmal sogar Maulkorbpflicht. Vergessen Sie nicht Ihre Hundegrundausstattung wie Napf, Wasser, eventuell etwas Futter, eine Decke sowie den Impfpass

Tipp!

In Österreich und der Schweiz gelten für die Beförderung von Hunden ähnliche Bestimmungen wie in Deutschland. Nähere Informationen erhalten Sie bei der Österreichischen Bundesbahn (ÖBB) unter **www.oebb.at** *bzw. der Schweizer Bundesbahn (SBB) unter* **www.sbb.ch**.

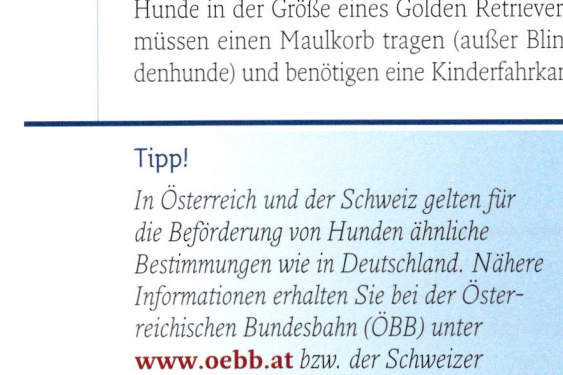

So manch Golden Retriever ist sicher lieber im statt auf dem Wasser unterwegs.

Das gehört ins Hundegepäck

✓ Leine und Halsband bzw. Geschirr
✓ Adressen-Schild fürs Halsband mit Urlaubsadresse und dem Reisezeitraum sowie der Heimatadresse
✓ Eventuell Maulkorb
✓ Eventuell Transportbox
✓ Körbchen, Decke und Handtücher
✓ Spielzeug
✓ Frisches Trinkwasser und Näpfe
✓ Futter, Leckerli und Kauknochen
✓ Dosenöffner
✓ Bürste und/oder Kamm
✓ Kottütchen
✓ Sonnenschutz
✓ Reiseapotheke
✓ EU-Heimtierausweis/Grenzpapiere
✓ Versicherungsnummer und Nummer der Telefonhotline bzw. Anschrift der Haftpflichtversicherung

Damit der Urlaub für alle Beteiligten erholsam wird, ist eine gute Vorbereitung schon die halbe Miete.

und je nach Einreiseformalität ein Gesundheitszeugnis. Kreuzfahrten sind für Hunde tabu. Einzige Ausnahme: die „Queen Elisabeth II", sie hat ein eigenes Hundedeck.

Flugreisen mit Hund

Nur kleine Hunde bis zu einem Gewicht von 5 kg dürfen bei den meisten Fluggesellschaften im Passagierraum mitfliegen. Informieren Sie sich aber unbedingt vor der Flugbuchung über die genauen Mitnahmebedingungen. Auch Blinden- und Behindertenbegleithunde können unabhängig von ihrer Größe bei ihrem Halter bleiben. Vierbeiner von der Größe eines

Lassen Sie sich von Ihrem Tierarzt eine Reiseapotheke für Ihren Hund zusammenstellen.

101

Die Reiseapotheke für Ihren Hund sollte enthalten

- Eventuell benötigte Dauermedikamente
- Mittel gegen Durchfall
- Wundspray/Desinfektionsmittel
- Augen- und Ohrentropfen
- Floh- und Zeckenmittel
- Zeckenzange
- Schere
- Fieberthermometer
- Gaze, Verbandsmaterial
- Pfotenschutzschuh
- Rescue-Tropfen von Bach

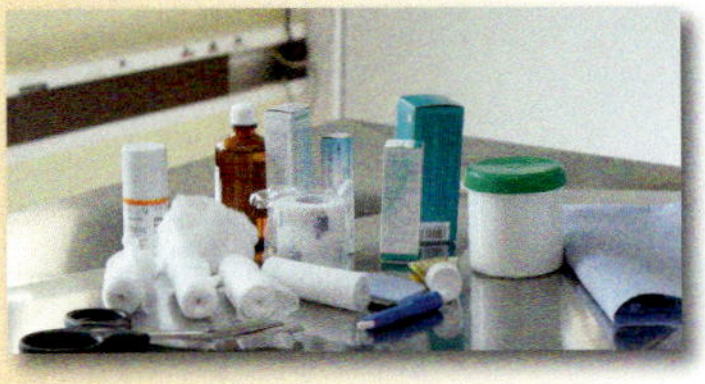

Golden Retrievers müssen in einer Transportbox im Gepäckraum untergebracht werden. Sprechen Sie vor einem Flug mit Ihrem Tierarzt und lassen Sie sich auf jeden Fall ein Beruhigungsmittel für Ihren Vierbeiner mitgeben, denn eine Flugreise bedeutet großen Stress für den Hund. Weitere Informationen zum Thema bekommen Sie unter **www.flughund.de**.

Der Golden Retriever in der Pflegestelle

Bei manchen, besonders weit entfernten oder heißen Urlaubszielen ist es besser auf die Mitnahme Ihres Golden Retrievers zu verzichten und ihn während Ihrer Abwesenheit zu Hause optimal unterzubringen. Auch diese Ferienva-

riante muss gut vorbereitet werden. So gilt es zunächst einen zuverlässigen, lieben Hundesitter oder eine kompetente Tierpension zu finden. Im Idealfall kann Ihr Golden bei Verwandten oder Freunden einquartiert werden. Häufig nimmt der Züchter seinen ehemaligen Nachwuchs gern in Pflege. Vielleicht kennt er aber auch jemanden, bei dem Ihr haariger Kamerad während Ihres Urlaubs gut aufgehoben ist. Professionelle Hundepensionen finden Sie über das Internet, das Branchenverzeichnis, Ihren Tierarzt, Tierschutzvereine, Zoofachgeschäfte, Hundevereine, den Kleinanzeigenteil Ihrer Tageszeitung oder Tierzeitschriften. Auch andere Hundebesitzer, die Ihren Vierbeiner ebenfalls schon in einer Pension untergebracht haben, können Ihnen entsprechende Tipps geben. Sogar Tierheime nehmen vorübergehende Pfleglinge auf. Die Bezahlung ist

Am Verhalten Ihres Vierbeiners merken Sie schnell, ob er sich in der Pflegestelle wohlfühlt.

Für die Pflegefamilie muss zusätzlich ins Hundegepäck

✓ Eventuell nötige Medikamente

✓ Ihre Urlaubsadresse bzw. Handy-nummer für Notfälle

✓ Telefonnummer Ihres Tierarztes

✓ Liste mit Vorlieben, Abneigungen und Eigenheiten Ihres Hundes

hier für einen guten Zweck, denn das Geld kommt gleichzeitig dem Tierschutz zugute. Nehmen Sie sich unbedingt Zeit für die Auswahl eines geeigneten Pflegeplatzes. Sehen Sie sich vor Ort genau um, sprechen Sie ausführlich mit der zuständigen Person und vereinbaren Sie vorab am besten mehrere Treffen, damit Ihr Golden Retriever und der vorübergehende Betreuer sich schon etwas kennenlernen. Beobachten Sie das Verhalten Ihres Vierbeiners: Fühlt er sich wohl in der neuen Umgebung? Hat er Vertrauen zu seinem möglichen Pfleger? Nehmen Sie Abstand von Hundepensionen, die nur auf Ihr Geld, nicht aber auf das Wohl Ihres Hundes aus sind. Zahlen Sie andererseits lieber mehr, wenn Ihnen der Pflegeplatz optimal erscheint. Haben Sie einen vertrauenswürdigen Hundesitter gefunden, schließen Sie mit ihm einen Vertrag ab. Sprechen Sie eventuelle Vorlieben, Abneigungen und Eigenheiten Ihres Golden Retrievers an. Informieren Sie ihn außerdem über die gewohnten Fütterungs- und Gassigehzeiten. Gehorcht Ihr Vierbeiner nicht absolut zuverlässig, bitten Sie den Pfleger, Ihren Hund beim Spaziergang nicht abzuleinen. Alle wichtigen Informationen halten Sie für den Sitter am besten schriftlich fest. Geben Sie

Sehr sinnvoll ist es, mit dem Hundesitter einen Vertrag abzuschließen, in dem Sie auch Ihre Vorstellungen über die Betreuung festhalten.

Ihren Golden nicht erst am letzten Tag vor Ihrer Reise in der Betreuungsstelle ab, damit eventuelle Schwierigkeiten noch vor Ihrer Abfahrt geklärt werden können.

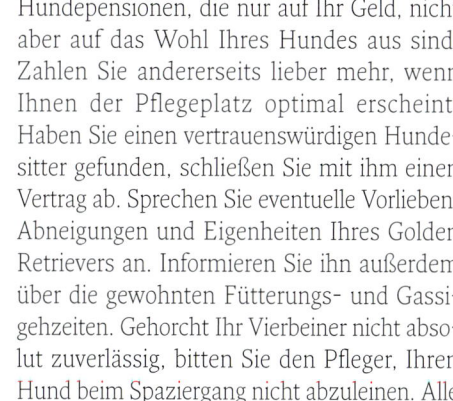

Geben Sie an den Betreuungsplatz das gewohnte Futter Ihres Hundes und Leckerlis mit.

103

Vorsorge

Vorsorgende Maßnahmen können mit zu einem langen und gesunden Hundeleben beitragen.

Impfungen

Um Ihren Vierbeiner vor einigen sehr gefährlichen Infektionskrankheiten zu schützen, sind Impfungen wichtig. Zwar kann auch ein geimpfter Hund noch an den diversen Erregern erkranken, der Krankheitsverlauf selbst ist dann aber nur leicht, schließlich hatte das Immunsystem durch die Impfung vorab schon die Möglichkeit, sich durch die Bildung von entsprechenden Antikörpern auf die Erregerbekämpfung vorzubereiten.

Folgendes Impfschema ist angeraten:

6. Woche (in gefährdeten Beständen): *Parvovirose*

8. Woche: *Hepatitis c.c. (HCC), Leptospirose, Parvovirose, Staupe*

12. Woche: *Hepatitis c.c. (HCC), Leptospirose, Parvovirose, Staupe, Tollwut*

16. Woche: *Hepatitis c.c. (HCC), Parvovirose, Staupe, Tollwut*

15. Monat: *Hepatitis c.c. (HCC), Leptospirose, Parvovirose, Staupe, Tollwut*

*Alle ein bis drei Jahre erfolgt eine **Auffrischungsimpfung**: Parvovirose, Staupe, Hepatitis c.c. (HCC), Leptospirose, Tollwut.*

*Eine Impfung gegen **Zwingerhusten** empfiehlt der Tierarzt individuell, je nach Umfeld des Tieres und akuter Seuchenlage.*

Inzwischen weiß man, dass einige wichtige Impfstoffe Hunde deutlich länger schützen als nur ein Jahr. Durch manche wird sogar bereits nach der Grundimmunisierung des Welpen

eine lebenslange Immunität erreicht. In etlichen Ländern ist es jedoch erforderlich, Auffrischungsimpfungen, die alle ein bis drei Jahre durchgeführt werden, nachweisen zu können.

Diverse Rezepte aus der Alternativmedizin sind in vielen Fällen sehr wirksam. Außerdem lassen Sie sich auch gut vorbeugend einsetzen.

Neben einer optimalen Pflege, Ernährung und Auslastung gibt es weitere vorsorgende Maßnahmen, die zu einem langen, gesunden Hundeleben beitragen. Hierzu gehören natürlich regelmäßige Entwurmungen (siehe Kasten Seite 106) und Impfungen. Außerdem ist ein hygienisches Umfeld wichtig: Achten Sie stets auf einen sauberen Futterplatz und gereinigte Näpfe. Waschen Sie auch das Hundebett öfters in der Maschine, damit Parasiten wie Milben oder Flöhe keine Überlebenschance haben. Suchen Sie Ihren Golden Retriever zudem von Frühjahr bis Herbst täglich nach Zecken ab, denn diese könnten Ihren Vierbeiner mit Borreliose infizieren. Vor starkem Befall schützen spezielle Präparate vom Tierarzt.

Eine bewährte Prophylaxe gegen Krankheitsanfälligkeit ist viel Bewegung an der frischen

Vorbeugen ist besser als Heilen – so stärkt viel Bewegung an der frischen Luft das Immunsystem von Zwei- und Vierbeinern.

Entwurmung

Führen Sie viermal im Jahr eine Wurmkur bei Ihrem Vierbeiner durch, um ihn vor Darmparasiten wie Band-, Rund-, Haken- und Peitschenwürmern zu schützen, mit denen er sich überall in freier Natur durch tote Wildtiere oder deren Kot infizieren kann. Achten Sie dabei auf wechselnde Präparate, da die Parasiten Resistenzen bilden können. Möchten Sie Ihren Hund nicht routinemäßig entwurmen, sollten Sie wenigstens alle drei Monate eine Kotprobe von Ihrem Tierarzt auf Würmer untersuchen lassen, damit Sie im Falle einer Infektion schnell handeln können, schließlich ist eine Übertragung auf Menschen ebenfalls möglich.

Luft bei jedem Wetter, denn auf diese Weise härten Sie Ihren Vierbeiner ab.

Manchen gesundheitlichen Schwachstellen Ihres Hundes können Sie gut mit Alternativmedizin begegnen und dadurch Erkrankungen vorbeugen. Hier leistet beispielsweise die Homöopathie hervorragende Dienste. So unterstützt Echinacea wirkungsvoll ein geschwächtes Immunsystem. Das Anfangsmittel bei einer beginnenden Erkältung ist Aconitum. Gelsemium oder Euphorbium können bei bereits bestehendem Schnupfen und Belladonna bei Husten helfen. Zur Verbesserung des Allgemeinbefindens wird China oder Mucosa verabreicht.

Weitere wirksame Rezepte hält die Kräutermedizin parat. So tun Salbei-Tee und -Honig Ihrem Vierbeiner bei Husten gut. Auch Löwenzahn- und Spitzwegerich-Honig sind empfehlenswert. Geben Sie in der Akutphase mehrmals täglich einen Teelöffel. Anfällige, alte oder geschwächte Tiere bekommen durch Zufütterung von Vitamin-C-reichem Hagebutten- oder Holunderbeerenmus neuen Schwung. Zur

Physiologische Daten eines Golden Retrievers

Körpertemperatur 38 bis 39 °C (bei Welpen bis zu 39,3 °C)

Atemfrequenz 20 bis 30 Züge pro Minute

Pulsfrequenz 70 bis 100 pro Minute

Schleimhaut: rosa, feucht, glatt und glänzend, ohne Auflagerungen

Bei Stress und/oder körperlicher Belastung steigen diese Werte an.

allgemeinen Stärkung ist Rosmarin sehr gut geeignet. Brennnessel und Löwenzahn kurbeln den Stoffwechsel an und sorgen auf diese Weise für eine bessere Fitness.

Reiben Sie rissige Ballen mit Kamillen- oder Ringelblumensalbe ein, damit sie sich nicht entzünden. Ebenso bewährt haben sich Johanniskraut- und Lavendelöl.

Behandeln Sie eine durch Schneefressen verursachte Magenreizung mit Kamillen-Tee. Er wirkt entzündungshemmend und beruhigt die Schleimhaut. Legen Sie bei Bauchschmerzen

Ein Maulkorb kann für Notfälle hilfreich sein.

warme, entspannende Kamillen-Umschläge auf den Hundebauch.

Natürlich gehört auch ein hundesicheres Zuhause zu einer umfassenden Gesundheitsvorsorge. So ist der beste Schutz vor Unfällen die Vermeidung gefährlicher Situationen.

Was Sie dabei in Ihrer Wohnung und Ihrem Garten alles beachten müssen, lesen Sie ab Seite 36„Welpensicheres Zuhause". Folgt Ihr Golden Retriever nicht zuverlässig, leinen Sie

Die Hausapotheke für Ihren Hund

+ Eventuell nötige Dauermedikamente
+ Mittel gegen Reisekrankheit/ Beruhigungsmittel
+ Mittel gegen Durchfall
+ Wundspray/Desinfektionsmittel
+ Augen- und Ohrentropfen
+ Floh- und Zeckenmittel
+ Zeckenzange
+ Wurmkur
+ Schere
+ Fieberthermometer
+ Gaze, Verbandsmaterial
+ Pfotenschutzschuh
+ Vaseline gegen rissige Ballen
+ Eventuell Maulkorb
+ Rescue-Tropfen von Bach

ihn in unsicherem Gelände nicht ab: Zu schnell kommt es zu einer Katastrophe. Ein wirkungsvoller Schutz vor Vergiftungen ist, Ihrem Hund schon frühzeitig beizubringen, nur auf Befehl hin zu fressen. So nimmt er auch unterwegs nichts Unerlaubtes und eventuell Gefährliches auf.

Ein hundesicherer Garten gehört mit zu einer umfassenden Gesundheitsvorsorge.

Dieser Golden Retriever ist putzmunter und gesund – er hat sichtlich Spaß beim Spielen.

Bekannte Krankheitsbilder

Golden Retriever sind, was Krankheiten betrifft, nicht wehleidig und hart im Nehmen. Häufig leiden sie still, ehe sie sich ein Unwohlsein anmerken lassen, das dann auch schon recht ausgeprägt sein kann.

Beobachten Sie Ihren Golden daher gut und reagieren Sie bereits bei den ersten Anzeichen einer Erkrankung, denn je früher Sie eine Krankheit erkennen, umso besser. Suchen Sie rechtzeitig einen Tierarzt auf, hat Ihr Vierbeiner grundsätzlich die besten Heilungschancen. Nachfolgend stellen wir einige bekannte Krankheitsbilder vor.

Hüftgelenksdysplasie (HD)

Unter der Hüftgelenksdysplasie versteht man eine Fehlentwicklung der Hüftgelenke. Hüftpfanne und Oberschenkelkopf entwickeln sich nicht passend zueinander. Weil die

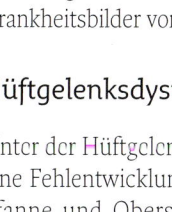

109

Die HD kann den Hund in seiner Bewegungsfreiheit stark einschränken.

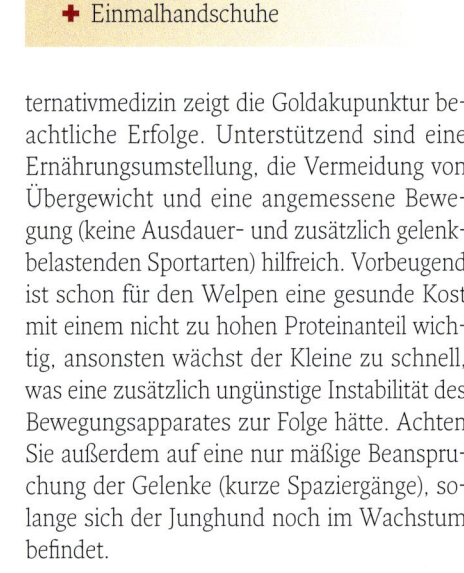

Notfall-Set

- ✚ Elastische Mullbinden
- ✚ Sterile Gaze
- ✚ Selbstklebende Verbände
- ✚ Watte
- ✚ Pflasterrolle
- ✚ Verbandsschere
- ✚ Wunddesinfektionsmittel
- ✚ Antiseptisches Puder
- ✚ Brand- und Antihistamin-Salbe (vom Tierarzt)
- ✚ Heparin-Salbe (vom Tierarzt)
- ✚ Traumeel Salbe
- ✚ Digitales Fieberthermometer
- ✚ Taschenlampe
- ✚ Decke
- ✚ Eventuell Maulkorb
- ✚ Ersatzleine
- ✚ Einmalhandschuhe

Pfanne zu flach, der Kopf zu klein oder nicht rund ist, umschließen sich beide Teile nicht richtig. Somit liegt zu viel Spiel dazwischen, das zu einer verstärkten Reibung und Abnutzung im Gelenk führt. Dysplasien sind überwiegend genetisch bedingte Entwicklungs- bzw. Wachstumsstörungen. Da vor allem große Rassen wie der Golden Retriever davon betroffen sind, legen die Rassezuchtvereine in Deutschland auf eine sehr strenge Zuchtauswahl Wert – mit Erfolg, denn der Großteil der in deutschen VDH-Vereinen gezüchteten Golden ist inzwischen HD-frei oder zeigt Übergangsformen.

In Deutschland wird die HD je nach Ausprägung in fünf Stufen eingeteilt: HD A bedeutet HD-frei, HD B ist HD-verdächtig, HD C steht für leichte HD, HD D bedeutet mittlere und HD E schwere HD. Da die Erkrankung für den Hund zunehmend schmerzhaft ist, sind erste Anzeichen Bewegungsunlust, -vermeidung und Lahmheit der Hinterläufe. Die medizinischen Behandlungsmöglichkeiten reichen von einer medikamentösen Schmerztherapie bis hin zu einem chirurgischen Eingriff. In der Alternativmedizin zeigt die Goldakupunktur beachtliche Erfolge. Unterstützend sind eine Ernährungsumstellung, die Vermeidung von Übergewicht und eine angemessene Bewegung (keine Ausdauer- und zusätzlich gelenkbelastenden Sportarten) hilfreich. Vorbeugend ist schon für den Welpen eine gesunde Kost mit einem nicht zu hohen Proteinanteil wichtig, ansonsten wächst der Kleine zu schnell, was eine zusätzlich ungünstige Instabilität des Bewegungsapparates zur Folge hätte. Achten Sie außerdem auf eine nur mäßige Beanspruchung der Gelenke (kurze Spaziergänge), solange sich der Junghund noch im Wachstum befindet.

Ellbogendysplasie (ED)

Die ED ist eine genetisch bedingte Entwicklungsstörung des Ellbogengelenks, die wie die HD auch, stark von Umwelteinflüssen (z. B. falsche Futterzusammensetzung, Überbelastung) beeinflusst wird. Das Ellbogengelenk ist sehr instabil durch eine degenerierte Elle. Erste Anzeichen wie plötzliche Lahmheit und Bewegungsvermeidung der Vorderbeine, die sich durch vermehrte Belastung verschlimmern, zeigen sich häufig schon bei einem Welpen. Eine eindeutige Diagnose kann jedoch erst nach abgeschlossenem Wachstum erfolgen. Durch hervorstehende Knochenteile der Elle kann es zu einer zusätzlichen Knochenabsplitterung kommen. Die Vorsorge- und Behandlungsmethoden sind ähnlich wie bei der HD.

Auch bezüglich der ED herrscht in den deutschen Retrieververeinen eine strenge Zuchtauswahl, sodass es nur noch wenige ED-belastete Hunde gibt.

Katarakt (Grauer Star; HC)

Unter Katarakt versteht man eine Trübung der Linse im Auge. Die Entwicklung des Grauen Stars ist in den meisten Fällen genetisch veranlagt und nicht unbedingt altersabhängig. Die Ausprägung der Trübung kann klein und unbedeutend sein, sie kann aber auch stark das Sehvermögen des Hundes beeinträchtigen. In letzterem Fall schafft, wie beim Menschen, eine ambulante Operation Abhilfe: Die trübe Linse wird zertrümmert und abgesaugt. Anschließend setzt der auf Augenkrankheiten spezialisierte Tierarzt eine Kunstlinse ein, die dem Vierbeiner vor allem im Nahbereich ein deutlich verbessertes Sehen ermöglicht. Die Erfolgsquote liegt bei 90 %. Innerhalb des VDH werden nur HC-freie Golden Retriever zur Zucht zugelassen.

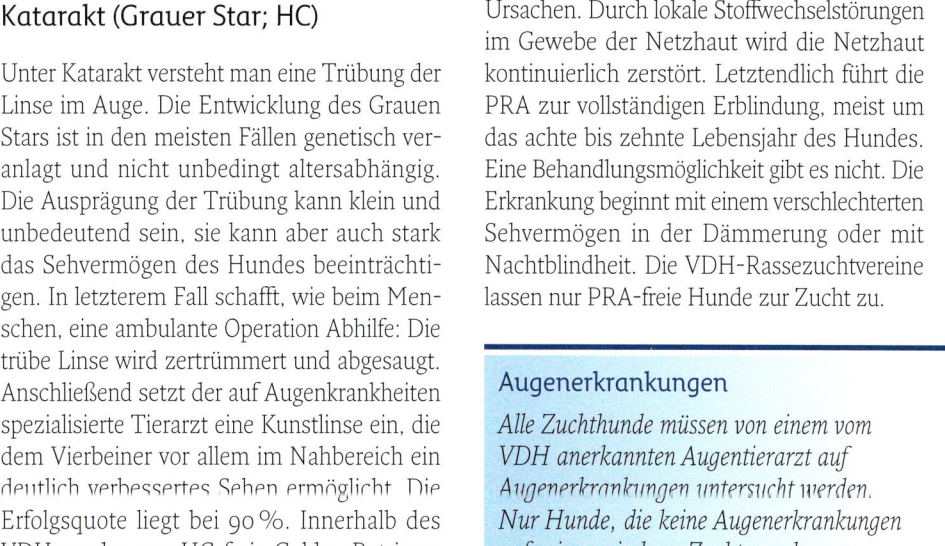

Innerhalb der FCI-Zuchtvereine darf nur mit Hunden gezüchtet werden, die frei von vererbbaren Augenerkrankungen sind.

Progressive Retinaatrophie (PRA)

Die Progressive Retinaatrophie ist ein Sammelbegriff für erbliche, fortschreitende Netzhautdegenerationen mit verschiedenen genetischen Ursachen. Durch lokale Stoffwechselstörungen im Gewebe der Netzhaut wird die Netzhaut kontinuierlich zerstört. Letztendlich führt die PRA zur vollständigen Erblindung, meist um das achte bis zehnte Lebensjahr des Hundes. Eine Behandlungsmöglichkeit gibt es nicht. Die Erkrankung beginnt mit einem verschlechterten Sehvermögen in der Dämmerung oder mit Nachtblindheit. Die VDH-Rassezuchtvereine lassen nur PRA-freie Hunde zur Zucht zu.

Augenerkrankungen

Alle Zuchthunde müssen von einem vom VDH anerkannten Augentierarzt auf Augenerkrankungen untersucht werden. Nur Hunde, die keine Augenerkrankungen aufweisen, sind zur Zucht zugelassen.

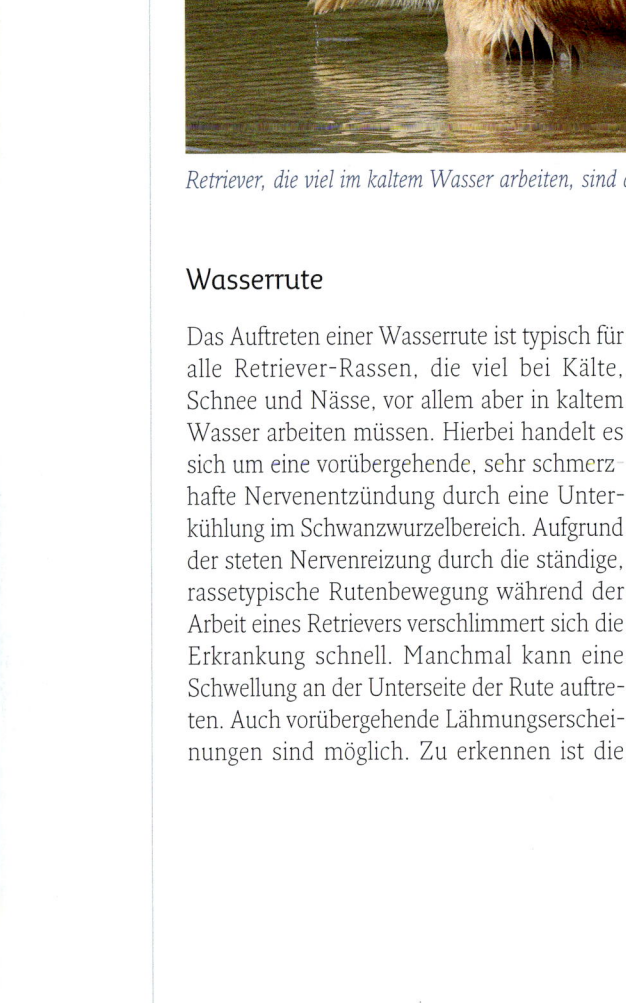

Retriever, die viel im kaltem Wasser arbeiten, sind anfällig für eine Wasserrute.

Wasserrute

Das Auftreten einer Wasserrute ist typisch für alle Retriever-Rassen, die viel bei Kälte, Schnee und Nässe, vor allem aber in kaltem Wasser arbeiten müssen. Hierbei handelt es sich um eine vorübergehende, sehr schmerzhafte Nervenentzündung durch eine Unterkühlung im Schwanzwurzelbereich. Aufgrund der steten Nervenreizung durch die ständige, rassetypische Rutenbewegung während der Arbeit eines Retrievers verschlimmert sich die Erkrankung schnell. Manchmal kann eine Schwellung an der Unterseite der Rute auftreten. Auch vorübergehende Lähmungserscheinungen sind möglich. Zu erkennen ist die Erkrankung am schlechten Allgemeinbefinden des Hundes, dem schlaffen Hängenlassen der Rute, der Unfähigkeit, sich hinzusetzen, hinzulegen und zu springen. Therapeutisch steht eine medikamentöse Entzündungs- und Schmerzhemmung an erster Stelle, außerdem eine Schonung des Hundes bis zur völligen Ausheilung. Wärme in Form von Rotlicht oder einer Wärmflasche hat sich ebenfalls bewährt. Vorbeugend empfiehlt sich stets ein gründliches Abtrocknen und Warmhalten des Hundes nach der Wasserarbeit. Auch lange, kalte Warte- und Transportzeiten im Auto sind zu vermeiden.

Alternative Heilmethoden kommen immer mehr auch in der Tiermedizin zum Einsatz und zwar mit großem Erfolg.

Alternative Heilmethoden

Alternative Heilmethoden sind auch im tiertherapeutischen Sektor zunehmend im Kommen. Bei manchen Krankheiten kann eine schulmedizinische Behandlung häufig völlig durch alternative Verfahren ersetzt werden. Meist dauert solch eine Therapie zwar länger, andererseits ist sie jedoch deutlich nebenwirkungsärmer. Bei chronischen Erkrankungen hat sich der Einsatz alternativer Heilmethoden ebenfalls bewährt. In schweren Krankheitsfällen können natürliche Verfahren mit der Schulmedizin kombiniert werden und so zusätzliche Linderung verschaffen.
Im Folgenden stellen wir Ihnen einige bewährte Heilmethoden vor.

Homöopathie

Die Homöopathie, die von dem Arzt Samuel Hahnemann (1755–1843) begründet wurde, betrachtet den Menschen bzw. das Tier als Ganzes. Hier spielt nicht nur das akute körperliche Symptom eine Rolle, sondern die gesamte Persönlichkeit des Tieres mit all ihren körperlichen und seelischen Eigenheiten. Um das passende Mittel zu finden, sind also neben dem Leitsymptom auch der Wesenstyp, die Entstehung der Krankheit, der augenblickliche Zustand und weitere Besonderheiten des Patienten zu beachten.
Dabei gilt der Grundsatz: Ähnliches ist mit Ähnlichem zu heilen. Homöopathika stam-

Die Homöopathie sieht Mensch und Tier als Ganzes, nicht nur das körperliche Symptom spielt also eine Rolle, sondern auch die Psyche des jeweiligen Individuums.

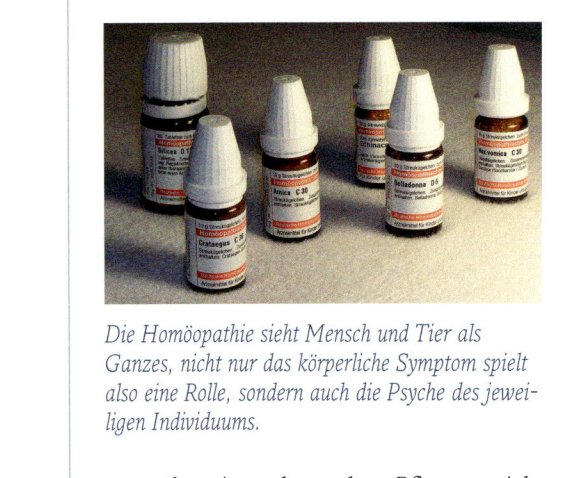

Die Homöopathie sieht Mensch und Tier als Ganzes, nicht nur das körperliche Symptom spielt also eine Rolle, sondern auch die Psyche des jeweiligen Individuums.

men überwiegend aus dem Pflanzenreich; man verwendet aber auch Mineralien, Stoffe aus dem Tierreich, Metalle und Nosoden. Mithilfe von Wasser, Alkohol oder Milchzu-

cker entstehen aus den natürlichen Stoffen Ursubstanzen. Diese Ursubstanzen werden nach den Angaben Hahnemanns durch entsprechende Verdünnungen zu Dezimalpotenzen (z. B. D-, C-, LM-Potenzen) verarbeitet, die der Therapeut schließlich je nach Schweregrad der Erkrankung zur Behandlung einsetzt. Homöopathische Arzneimittel gibt es als Tropfen, Tabletten, Globuli (Streukügelchen) oder Injektionslösungen. Neben den reinen Substanzen sind auch etliche homöopathische Mischpräparate erhältlich, sogenannte Komplexmittel.

Phytotherapie

Unter Phytotherapie oder Pflanzenheilkunde versteht man die Lehre der Verwendung von Heilpflanzen als Medikament. Sie gehört zu den ältesten medizinischen Therapien und ist auf der ganzen Welt in allen Kulturen verbreitet. Zum Einsatz kommen dabei ganze Pflanzen und deren Teile (Blüten, Blätter, Wurzel), die auf verschiedene Weise (z. B. als Frischkraut, Aufguss, Auskochung, Kaltwasserauszug und Pulverisierung) zu einem Medikament verarbeitet werden. Meist verwendet der Phytotherapeut Stoffgemische, die sich bereits als gut wirksam bewährt haben. Auch die Homöopathie nutzt auf pflanzlicher Ebene die Erkenntnisse der Phytotherapie.

Akupunktur

Die Akupunktur ist ein Teilgebiet der Traditionellen Chinesischen Medizin (TCM). Man geht hier von über 300 Akupunkturpunkten aus, die auf verschiedenen Meridianen (= Energiebahnen) des Körpers angeordnet sind. Durch das Einstechen von speziellen Akupunkturnadeln erwärmen sich die gestochenen Punkte und bringen das Qi (= Lebensenergie) wieder in einen intakten Fluss. Die Akupunk-

In der Phytotherapie kommen nicht nur ganze Pflanzen, sondern auch einzelne Teile davon zum Einsatz.

tur gehört zu den Umsteuerungs- und Regulationstherapien. Eine Sitzung dauert 20 bis 30 Minuten. Der Patient wird dabei ruhig und entspannt gelagert. Eine komplette Therapie umfasst in der Regel 10 bis 15 Sitzungen. Die Akupunktur hat sich vor allem bei Schmerzpatienten bewährt. Für Hunde mit HD oder anderen Gelenkproblemen ist dies oft die letzte Chance, schmerzfrei zu werden.

Eine Spezialform der Akupunktur ist die Goldakupunktur: Dabei werden kleine Goldkügelchen minimalinvasiv unter Narkose in bestimmte Akupunkturpunkte eingesetzt. Diese Goldkugeln bewirken eine Dauerakupunktur; die Schmerzleitung wird dadurch gehemmt und das Tier läuft somit wieder beschwerdefrei. Der Eingriff ist einmalig und wirkt in der Regel ein Leben lang. Die Goldakupunktur führt nicht jeder Tierarzt durch. Voraussetzung ist eine Ausbildung sowie langjährige Erfahrung in Akupunktur, ganzheitlicher Orthopädie und Chirurgie. Tierärzte mit der Zusatzbezeichnung „Akupunktur" sind bei den einzelnen Landestierärztekammern zu erfahren.

Durch die Akupunktur wird die Lebensenergie wieder in einen intakten Fluss gebracht.

krankung bzw. Blockade ist. Immer mehr Tierphysiotherapeuten bieten zusätzlich zu ihrem herkömmlichen Leistungsspektrum Osteopathie an.

Osteopathie

Die Osteopathie ist eine sanfte Methode, mit deren Hilfe die Selbstheilungskräfte des Körpers neu aktiviert werden. Auch der Osteotherapeut arbeitet ganzheitlich; nach einem ausführlichen Gespräch über den Patienten und dessen Beschwerden erspürt er mit seinen Händen Körperblockaden, die er anschließend durch bestimmte Berührungstechniken auflöst (meist sind mehrere Anwendungen nötig). Auf diese Weise kommt das Körpergewebe wieder ins Gleichgewicht und alle Körperflüssigkeiten zurück in ihren natürlichen Fluss. Osteopathie wird vor allem bei Schmerzpatienten erfolgreich angewendet, wobei der Schmerz meist nur ein Symptom einer tiefer liegenden Er

Neben der Akupunktur wird auch die Osteopathie sehr erfolgreich bei der Behandlung von Schmerzpatienten eingesetzt.

Was ändert sich im Alter?

Hundesenioren gebührt besondere Aufmerksamkeit. Nach ereignisreichen Jahren des Zusammenlebens mit uns haben sie sich einen besonders schönen Lebensabend redlich verdient.

Ein Golden Retriever altert zwischen dem 8. und 9. Lebensjahr. Dies macht sich nicht nur durch äußere Anzeichen wie dem zunehmenden Grauwerden um Schnauze und Augen bemerkbar, sondern auch durch bestimmte Wesensveränderungen und Alterswehwehchen. Ihr Golden wird nun gelassener und ruhiger. Er hat ein höheres Schlafbedürfnis als früher, sein Bewegungsdrang nimmt allmählich ab. Oftmals reagieren ältere Vierbeiner weniger flexibel auf Veränderungen. Ebenfalls häufig zu erkennen ist eine verstärkte Anhänglichkeit, nächtliche Unruhe und ein geringeres Interesse an Artgenossen. Manche Hunde zeigen sich sogar schrullig und legen plötzlich bestimmte Marotten an den Tag, die sie vorher nicht hatten. Ursache hierfür können Verkalkungen im Gehirn sein, die eine Senilität bewirken. Jetzt sind mehr denn je Ihr Humor und Ihre Lockerheit gefragt. Zwar sollten Sie selbst mit einem alten Vierbeiner konsequent sein, trotzdem darf hier und da ein Augenzwinkern nicht fehlen.

Auch die Leistung der Sinnesorgane lässt allmählich nach: Ihr Golden Retriever hört, sieht und riecht nun schlechter als früher. Viele Hunde zeigen außerdem eine erhöhte Neigung zu Übergewicht. Um den gefährlichen Folgen des Dickwerdens wie Gelenkschäden oder Herz-Kreislauf-Störungen vorzubeugen, ist eine altersangepasste Ernährung nötig.

Trotz aller Veränderungen ist es wichtig, dass Sie Ihren vierbeinigen Senior nicht als alt, senil und „unbrauchbar" abstempeln.

Ihr vierbeiniger Senior wird eventuell mit der Zeit etwas schrullig. Nehmen Sie ihm das nicht krumm, sondern quittieren Sie es lieber mit einem Augenzwinkern.

Fitmacher „Spielen"

Fordert Ihr vierbeiniger „Rentner" Sie noch zum Spielen auf, machen Sie ihm die Freude und gehen Sie darauf ein; so fühlt er sich wichtig und dazugehörig. Respektieren Sie allerdings die Tatsache, dass ältere Hunde schneller die Lust am Spielen verlieren als Jungspunde. An manchen Tagen ist Ihr betagter Freund vielleicht überhaupt nicht zum Spielen aufgelegt. Möchte Ihr Senior von heute auf morgen nicht mehr spielen, lassen Sie ihn vom Tierarzt untersuchen, denn eventuell verdirbt ihm ein akutes gesundheitliches Problem den Spaß.

Der richtige Umgang

Wer rastet, der rostet

Fühlt sich ein betagter Golden Retriever abgeschoben und nicht mehr altersangemessen gefordert, baut er schnell ab. Da das Sprichwort „Wer rastet, der rostet" auch für ältere Hunde gilt, ist körperliche Aktivität besonders wichtig. Sie bringt nicht nur den Kreislauf in Schwung, auch Muskeln und Gelenke bleiben beweglich. Ebenso wird die Durchblutung aller Organe angeregt und eine optimale Sauerstoffversorgung gewährleistet. Der zusätzliche Abbau von Stresshormonen führt zu ausgeglichener Zufriedenheit. Passen Sie Art und Umfang der Bewegung den Bedürfnissen, der Fitness und der allgemeinen, bis dahin erworbenen Kondition Ihres Retrievers an. Gehen Sie sensibel auf den Aktivitätsdrang Ihres Vierbeiners ein. Beobachten Sie ihn gut und überfordern Sie ihn nicht. Ein Spaziergang, auf dem Ihr wedelnder Senior über sein Tempo und eventuelle Toberunden selber bestimmen darf, ist besser als eine Joggingrunde, bei der Ihr alter Freund nur mühsam Schritt halten kann. War Ihr Rentnerhund sein Leben lang begeisterter Sportler, hat er bei entsprechender körperlicher Verfassung auch noch im Alter Spaß daran, einen Parcours mit niedrigen Hindernissen zu überqueren. Setzen Sie untrainierte Vierbeiner allerdings nicht von heute auf morgen anstrengenden, ungewohnten Aktivitäten

Möchte Ihr Senior noch mit Ihnen spielen, machen Sie ihm die Freude und gehen Sie auf seine Spielaufforderung ein.

117

Auch noch im Rentenalter sind jagdlich geführte Golden Retriever für gemeinsame Reviergänge zu begeistern.

aus. Jagdlich geführte Golden Retriever sind noch im Rentenalter für gemeinsame Pirschgänge im Revier mit eventuellen, leichten Apportieraufgaben zu begeistern.

Beim Gassigehen sollten Sie einen älteren Vierbeiner das Tempo bestimmen lassen.

Achten Sie bei Spaziergängen auf Regelmäßigkeit und Gleichmäßigkeit, das heißt: Gehen Sie mit einem alten Golden lieber mehrmals täglich eine halbe Stunde spazieren als einmal am Tag ganz lang. Halten Sie diese Zeiten auch am Wochenende und im Urlaub ein, damit der Grad der Belastung einheitlich bleibt. Lassen Sie Ihren Senior außerdem nur aufgewärmt an einer Übungseinheit auf dem Hundeplatz, einer gemütlichen Fahrradtour oder einer Toberunde mit Artgenossen teilnehmen. Ein unvorbereiteter Kaltstart belastet Herz, Kreislauf, Muskeln, Bänder und Gelenke zu stark. Gehen Sie mit Ihrem Vierbeiner lieber erst in gleichmäßigem Schritttempo an der Leine spazieren, ehe er sich richtig auspowern darf. Nach einer sportlichen Betätigung sollte Ihr Senior ebenfalls in ruhigem Tempo wieder abkühlen können.

Angemessene Bewegung für Seniorenhunde

Damit Gelenke, Muskeln und Bänder nicht überbelastet werden, ist eine gleichbleibende Bewegungsabfolge empfehlenswerter als etwa ein wildes Ballspiel, bei dem der Hund abrupt starten und wieder abbremsen muss.

Hohe, schwüle Sommertemperaturen sind für alte Hunde extrem Kreislauf belastend. Verlegen Sie Spaziergänge und sportliche Aktivitäten mit Ihrem vierbeinigen Rentner an solchen Tagen also lieber auf die kühlen Morgen- und Abendstunden.

Ein toller Sommersport für alte Hunde ist Schwimmen. Der dabei ausgeführte gleichmäßige Bewegungsablauf schont den Kreislauf und die Gelenke. Hier kann Ihr Golden Retriever auch sein Tempo und das Maß der Bewegung gut selbst bestimmen. Nichtschwimmer planschen vielleicht lieber à la Kneipp. Nutzen Sie in der warmen Jahreszeit also jeden Bach oder Teich, an dem sie vorbeikommen. Rubbeln Sie einen empfindlichen Vierbeiner an kühlen Tagen jedoch unbedingt gut trocken, denn Nässe und Wind führen schnell zu einer gefährlichen Lungenentzündung oder einem schmerzhaften Rheumaschub. Für die kalten Wintermonate stehen vereinzelt Hundeschwimmbäder zur Verfügung; diese sind in der Regel einer Praxis für Tierphysiotherapie angeschlossen.

Hat Ihr Vierbeiner bereits körperliche Beschwerden, bedeutet dies nicht automatisch ein generelles Bewegungsverbot. Bei etlichen chronischen Erkrankungen trägt ein individuell abgestimmtes Mobilitätsprogramm oft sogar zur Besserung bei. In der Akutphase kann allerdings vorübergehende Ruhe nötig sein. In einem solchen Fall sprechen Sie sich am besten mit Ihrem Tierarzt. Er klärt Sie je nach Art und Schwere des Leidens Ihres Golden Retrie-

Gerade für ältere Hunde ist Schwimmen sehr gesund. Vergessen Sie aber an kühleren Tagen nicht, Ihren Kameraden anschließend abzutrocknen, damit er sich nicht erkältet.

vers darüber auf, welche Bewegungen erlaubt und welche verboten sind. Eine gezielte Physiotherapie mit Unterwasserlaufband, Massage und speziellen Übungen hilft bei Krankheiten des Bewegungsapparates.

Beschäftigungstipps für Seniorhunde

Etliche Hunde spielen noch bis ins hohe Alter, meist zwar nicht mehr mit Artgenossen, dafür aber in kurzen Sequenzen mit Herrchen oder Frauchen. Spielen macht dann nicht nur Spaß, sondern hat für ältere Vierbeiner sogar einen therapeutischen Nutzen – es bedeutet Ablenkung von kleineren Alterswehwehchen sowie Stärkung des altersmäßig häufig angeknacksten Selbstbewusstseins, denn der wedelnde Senior steht plötzlich wieder ganz im Mittelpunkt und erhält viel Lob, das zu neuem Stolz verhilft. Etliche Graue Schnauzen fallen durch ein lustiges Spiel sogar regelrecht in einen Jungbrunnen. Und: Hunde, die ihr Leben lang spielerisch gefordert wurden, bleiben generell länger fit und gesund. Selbstverständlich verlangt das Spielen mit älteren Vierbeinern erhöhte Rücksichtnahme auf den aktuellen Gesundheitszustand sowie die bis dahin erworbene Kondition. Ein Hund, der unter Arthrose

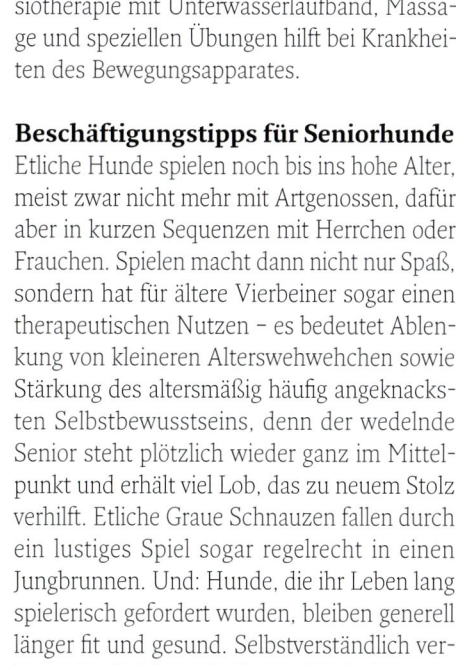

Allroundhelfer „Spaziergang"

Regelmäßiges Spazierengehen ist für alte Hunde toll und sehr wichtig. Der Vierbeiner kann hier sein Tempo selbst bestimmen. Die Bewegungsabläufe sind in der Regel gleichmäßig. Außerdem hält ein Gang an der frischen Luft viele Sinneseindrücke parat: Ihr Senior hat Kontakt zu Artgenossen und zu anderen Menschen. Zudem nimmt er unterschiedliche Gerüche wahr („Zeitung lesen"). Und: Die Bewegung draußen bei jedem Wetter stärkt das Immunsystem. Ein Spaziergang wird abwechslungsreicher, wenn Sie unterwegs kleine Spielchen oder Gehorsamsübungen einstreuen. Nehmen Sie es Ihrem Rentner aber nicht krumm, wenn er mal einen schlechteren Tag und somit keine Lust auf Gaudi hat. Stecken Sie zur Belohnung immer die Lieblingsleckerlis Ihres haarigen Freundes ein. Auch die regelmäßige Verabredung mit anderen Hundebesitzern macht die tägliche Bewegung kurzweiliger.

Das Apportieren ist bei den meisten älteren Vierbeinern noch sehr beliebt.

leidet, sollte beispielsweise keine Hindernisse überspringen, kann dafür aber noch leichte Gegenstände apportieren oder eine Fährte erschnüffeln. Diverse Zipperlein sind also noch kein Grund, generell auf Spiel und Spaß zu verzichten. Mit etwas Fantasie, viel Einfühlungsvermögen und Humor findet man genügend Möglichkeiten, auch einen Seniorhund altersangemessen zu fordern.

Mit Kreativität und Einfühlungsvermögen gibt es noch viele Möglichkeiten, einen älteren Hund schonen zu fordern.

🐕 *Apportieren steht bei vielen älteren Freaks noch hoch im Kurs. Mit Rücksicht auf den schon abgenützten Bewegungsapparat des Hundes, sollten die zu bringenden Gegenstände allerdings wenig wiegen. Ansonsten sind Ihrer Fantasie kaum Grenzen gesetzt: Ob Plastikgießkanne, Zeitung, Hausschuhe oder Schirm, Ihr wedelnder Gentleman wird Sie sicherlich nicht enttäuschen.*

🐕 *Haben Sie einen alternden, aber noch fitten Sportler im Haus, lassen Sie ihn über niedrige Hürden oder durch einen höhenverstellbaren Reifen springen. Letzterer lässt sich problemlos aus einem Fahrradreifen, der in einen Skistock eingefädelt ist, selbst bauen. Auf Spaziergängen laden niedrige Baumstämme zum Überspringen ein.*

🐕 *Bieten Sie Ihrem vierbeinigen Rentner außerdem Schnüffelspiele an, die seine Sinne und die Konzentrationsfähigkeit fördern. Da die Riechleistung im Alter abnimmt, sind stark duftende „Lockstoffe" wie getrockneter Pansen empfehlenswert, mit dem Sie beispielsweise eine Fährte durch den*

Ein kleines Päuschen tut Mensch und Hund gut. Dann kann es weitergehen.

Garten legen können. Immer wieder beliebt ist auch das Hütchenspiel: Stellen Sie drei umgedrehte Plastikblumentöpfe in etwas Abstand nebeneinander auf. Unter einen Topf legen Sie vor den Augen Ihres Vierbeiners ein Leckerchen. Dann vertauschen Sie mehrmals durch Verschieben die Plätze der „Hütchen". Anschließend muss Ihr Senior die Leckerei finden.

🐕 Ein Slalom ist ebenfalls für Seniorhunde geeignet: Er besteht beispielsweise aus in den Boden gesteckten Wander- oder Skistöcken sowie Sonnenschirmständern oder einfachen Ziegelsteinen.

🐕 Hat Ihr Vierbeiner im Laufe seines Lebens Kunststückchen gelernt, fragen Sie diese immer wieder ab, denn das hält geistig fit. Hunde, die hier über Jahre hinweg trainiert wurden, lernen selbst noch im Alter problemlos neue Tricks. Aber auch für eher ungeübte Rentner ist eine Neueinstudierung leichter Übungen wie Pfotegeben oder Sich-Schlafend-Stellen machbar und sinnvoll,

denn durch Kopfarbeit bleiben ergraute Schnauzen deutlich länger jung. Selbst die wiederholte Abfrage des Grundgehorsams ist für alte Hunde eine wichtige Bestätigung.

Das gemeinsame Spielen mit einem Seniorhund bringt nicht nur viel Spaß und neue Lebensfreude, sondern schweißt Sie noch enger zu einem tollen Team zusammen. Nützen Sie die Zeit miteinander so lange es geht!

Pflege und Wellness

Richtig verwöhnen können Sie Ihren vierbeinigen Liebling mit einigen Anwendungen aus dem Wellnessbereich. So wird durch eine entspannende Bürstenmassage beispielsweise nicht nur abgestorbenes Haar herausgekämmt, sondern auch die vermehrte Durchblutung der Haut angeregt. Intensives Streicheln wirkt ebenfalls wie eine angenehme, vitalisierende Massage. Massieren Sie Ihren Golden Retriever sanft mit kreisförmigen Bewegungen. Lockernd wirkt ein leichtes Kneten und Rollen von Haut und Muskeln.

Die Aromatherapie kann Hundesenioren zu neuer Energie verhelfen. Sie stärkt den Kreis-

Verwöhnen Sie Ihren Senior doch einmal mit einigen Anwendungen aus dem Wellnessbereich.

121

Das ist Lebensfreude pur!

kunde Linderung. So hält die Homöopathie mit Präparaten wie Echinacea zur Stärkung der Abwehrkräfte, Crataegus zur Anregung und Stabilisierung der Herztätigkeit und Vermiculite gegen Zahnstein und Zahnfleischentzündungen bewährte Mittel bereit. Bachblüten helfen bei Tieren mit altersbedingten Wesensveränderungen. Damit Sie das richtige Präparat für Ihren Hund finden, beraten Sie sich am besten mit Ihrem Tierarzt. In der Schmerztherapie erzielt die Akupunktur sehr gute Erfolge. Schmerzmittel lassen sich dadurch meist deutlich reduzieren, manchmal werden sie sogar gänzlich überflüssig. Die Akupressur ist eine Abwandlung der Akupunktur. Hier ersetzen die Berührung und der Druck der Finger die Nadeln. Dies wirkt sich nicht nur sehr positiv und entspannend auf den Körper aus, sondern auch auf die Seele des Vierbeiners.

Auch einfache Hausmittel tun Ihrem Hundesenior gut. Leidet Ihr Golden Retriever beispielsweise an Rheuma, legen Sie eine Wärm-

lauf, aktiviert die Abwehrkräfte und fördert die seelische Ausgeglichenheit. Außerdem wird ihr eine besonders erfrischende Wirkung nachgesagt. Geben Sie einige Tropfen der ätherischen Öle entweder in eine Duftlampe, in ein Kräutersäckchen oder direkt auf den Liegeplatz des Hundes, allerdings sehr sparsam dosiert (2–3 Tropfen), damit die feine Hundenase den Geruch nicht als störend empfindet. Für ältere Vierbeiner sind besonders Lavendel, Zitrone, Grapefruit, Orange, Geranium und Muskatellersalbei empfehlenswert, denn sie haben auf den gesamten Organismus eine stärkende und aufbauende Wirkung.

Mit alternativen Heilmethoden zu neuer Lebensqualität

Leidet Ihr Golden Retriever bereits unter gewissen Altersbeschwerden, versprechen unterschiedliche Verfahren aus der Naturheil-

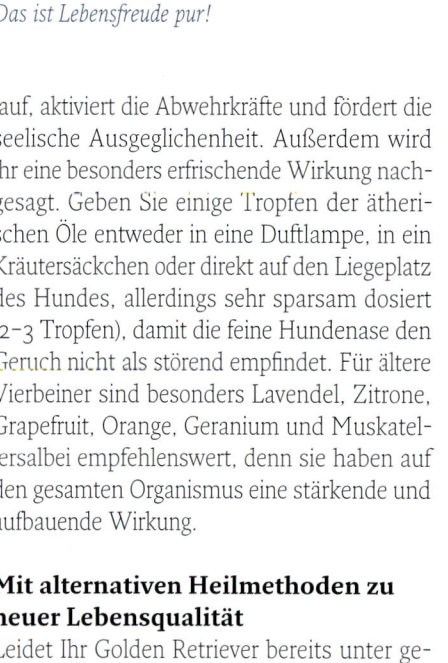

Lassen Sie Ihren Golden gerade im Alter regelmäßig von einem Tierarzt untersuchen.

flasche oder ein erwärmtes Dinkel- bzw. Kirschkernkissen in den Hundekorb. Ein auf diese Weise vorgewärmtes Körbchen wirkt sich auch bei Hunden mit Gelenkproblemen sehr positiv aus.

Hat Ihr vierbeiniger Senior nach einer längeren Wanderung Muskelkater, schaffen Einreibungen und Umschläge mit Arnikasalbe oder verdünnter -tinktur Erleichterung. Gerade in der kalten Jahreszeit bewährt sich diese Behandlung ebenfalls bei älteren Hunden mit rheumatischen Muskel- oder Gelenkbeschwerden.

Ein weiteres sehr breites Heilungsspektrum bietet die Physiotherapie, die neben spezieller Krankengymnastik diverse Wasser-, Massage- und Magnetfeldtherapien beinhaltet. Lassen Sie also Ihren vierbeinigen Senior im Fall der Fälle neben dem eigenen Verwöhnprogramm auch von den therapeutischen Fortschritten der Tiermedizin profitieren. Er hat es sich nach Jahren treuer Freundschaft redlich verdient!

Abwechselndes Pfötchengeben löst Verspannungen im Schulterbereich und stärkt zugleich die Muskulatur Ihres Hundes.

Physiotherapie für daheim

✓ Lassen Sie Ihren Hund abwechselnd Pfötchen geben: Dies löst Verspannungen im Schulterbereich und stärkt gleichzeitig die Muskulatur.

✓ Ein mehrmaliges „Sitz" und „Steh" im Wechsel entspricht den menschlichen Kniebeugen; dadurch wird mehr Muskulatur in der Hinterhand aufgebaut.

✓ Ein kleiner Cavaletti-Lauf fördert die Konzentration, die Koordination und den Aufbau der Beinmuskulatur. Legen Sie hierfür eine Leiter oder einige Besenstiele etwas erhöht auf den Boden und achten Sie darauf, dass Ihr wedelnder Gefährte ganz exakt eine Pfote nach der anderen in die Sprossenzwischenräume setzt.

✓ Pumpen Sie eine stoffbezogene Luftmatratze nicht ganz prall auf; nun stellen Sie sich und Ihren Hund darauf und treten leicht auf der Stelle. Diese flexible Unterlage fördert den Gleichgewichtssinn Ihres Vierbeiners und wirkt muskelaufbauend.

✓ Ein Slalom durch Ihre Beine ist für Ihren Vierbeiner eine gute Dehnübung, da sich der gesamte Hundekörper dabei beidseitig leicht u-förmig dehnt.

Bitte vergessen Sie nicht bei all diesen Übungen ausgiebiges Loben und Leckerlis zur Belohnung, schließlich soll auch eine Physiotherapie Spaß machen!

Das Slalomlaufen durch Ihre Beine verhilft Ihrem Senior zu mehr Beweglichkeit.

Die meisten Golden scheinen einfach immer Hunger zu haben. Achten Sie aber bei Ihrem Senior auf eine schlanke Linie!

Ernährung

Im Alter ist eine entsprechend den Veränderungen des Stoffwechsels angepasste Ernährung wichtig. Stellen Sie Ihren Golden Retriever langsam auf eine leichtere, energieärmere

Nahrung um, damit er nicht übergewichtig und dadurch zusätzlich träge wird; immerhin sinkt der Energiebedarf Ihres Hundes im Alter um etwa 20 %. Füttern Sie nun zwei- bis dreimal am Tag, denn mehrere kleine Portionen sind leichter zu verdauen als eine Große. Achten Sie unbedingt auf die Linie Ihres Golden, denn schlanke Hunde sind gesünder und leben länger. Im Fachhandel bekommen Sie spezielles Seniorfutter, das extra auf die Bedürfnisse und den verlangsamten Stoffwechsel alter Hunde abgestimmt ist. Für

diverse Erkrankungen gibt es im Zoofachhandel oder bei Ihrem Tierarzt genau abgestimmte Diätfutter. Allgemein sollte Seniorfutter besonders schmackhaft und hochverdaulich sein. Geben Sie keine Nahrungsergänzungsmittel (Vitamine, Mineralstoffe), ohne es vorher mit Ihrem Tierarzt abgesprochen zu haben, denn auch Vitamine oder Mineralien können überdosiert schaden. Täglich frisches Trinkwasser darf natürlich nicht fehlen. Hat Ihr Hund deutlich weniger Durst, stellen Sie ihn auf Nassfutter (Dosenfutter) um oder mischen Sie seinem herkömmlichen Futter zusätzlich Wasser bei, damit er nach wie vor ausreichend mit Flüssigkeit versorgt wird.

Stecken Sie Ihrem Golden Retriever keine Süßigkeiten und Essensreste zu. Dies wäre falsch verstandenes Verwöhnen und schadet älteren Hunden besonders. Belohnen Sie nur mit echten Hundeleckerlis. Inzwischen sind sogar schon Leckereien in Senior- oder Lightqualität erhältlich.

Abschied

Leider währt ein Hundeleben nicht ewig und so ist auch irgendwann nach Jahren des gemeinsamen Zusammenlebens die Zeit des Abschieds gekommen. Manche Senioren schlafen einfach friedlich ein. Oft wird der Hundebesitzer jedoch in die verantwortungsvolle Pflicht genommen, über Leben und Tod des Hundes selbst zu entscheiden. Leidet Ihr Golden Retriever und wird ihm das Leben zur Qual, weil selbst die Tiermedizin an ihre Grenzen kommt und ihm seine Schmerzen nicht mehr nehmen kann, ist es an der Zeit, ihn von seinem Leiden zu erlösen. In der Regel kommt ein Tierarzt hierfür auch zu Ihnen nach Hause, damit dem gebrechlichen Vierbeiner weiterer Stress durch einen unnötigen Transport erspart bleibt, und er in seiner gewohnten Umgebung ruhig für immer einschlafen darf.

Natürlich ist der Abschied von Ihrem langjährigen, treuen Begleiter mit großer Trauer verbunden. Haben Sie sich jedoch sein Hundeleben lang auf seine Bedürfnisse eingestellt und waren Sie in guten wie in schlechten Zeiten für ihn da, ist die Gewissheit eines erfüllten, schönen Hundelebens, das Ihr Golden bei Ihnen hatte, vielleicht ein kleiner Trost. Da die Trauer um einen geliebten Vierbeiner nicht zu unterschätzen ist, gibt es inzwischen in vielen Orten Tierfriedhöfe oder -krematorien, die durch einen ganz bewussten Abschied und einen festen Ort der

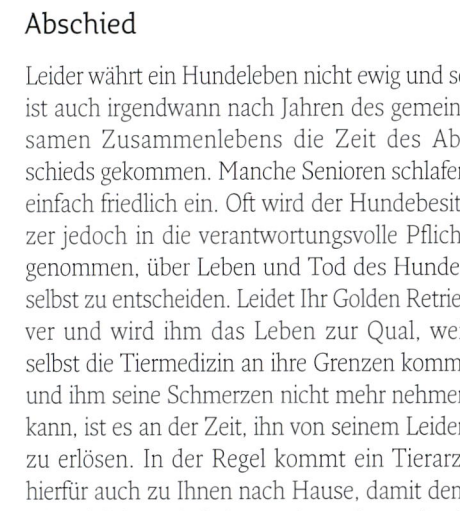

Der Abschied von einem geliebten Hund ist sehr schwer.

Trauer, den man jederzeit besuchen kann, die Trauerarbeit und das Loslassen erleichtern.

Selbstverständlich wird Ihr verstorbener Retriever unersetzlich bleiben, trotzdem stellt sich Ihnen nach einiger Zeit vielleicht wieder die Frage nach einem neuen Hund. Stimmen auch dann noch alle Voraussetzungen für eine Anschaffung, ehren Sie das Andenken an Ihren Golden Retriever, indem Sie sich einen neuen Golden anschaffen. Aber machen Sie nicht den Fehler, ihn mit Ihrem vorigen Hund zu vergleichen. Jeder Vierbeiner ist absolut einmalig und auf seine ganz eigene Weise liebenswert.

Tierbestattungen

Adressen von Tierfriedhöfen und -krematorien in Ihrer Nähe bekommen Sie über den Bundesverband der Tierbestatter e. V.:
www.tierbestatter-bundesverband.de
Eventuell können Ihnen aber auch Ihr Tierarzt oder der örtliche Tierschutzverein weiterhelfen.

Geben Sie irgendwann – wenn Sie es möchten – einem neuen Hund eine Chance.

Hilfreiche Adressen und Links

Rassezuchtvereine

Deutscher Retriever Club e.V.
Margitta Becker-Tiggemann (Geschäftsstelle, Welpeninformation)
Dörnhagener Straße 13
D-34302 Guxhagen
Tel: 05665-17 34
Fax: 05665-17 18
www.drc.de

Golden Retriever Club e.V.
Helga Rüter (Welpenvermittlung)
Franz-Poppe-Straße 2
D-26655 Westerstede
Tel: 04488-98 38 68
Fax: 04488-76 43 824
www.golden-retriever-club.de

Österreich

Österreichischer Retriever Club
Andrea Rameseder
(Geschäftsstelle; Welpeninformation)
Traunauweg 14
A-4030 Linz
Tel: 0043-(0)699-14 19 19 00
www.retrieverclub.at

Schweiz

Retriever Club Schweiz
Christine Baumann (Informationsstelle Golden Retriever)
Industriestr. 13
CH-3294 Büren a.d. Aare
Tel/Fax: 0041-(0)32-389 14 34
www.retriever.ch

Kynologenverbände

Verband für das Deutsche Hundewesen (VDH)
Westfalendamm 174
(Geschäftsstelle)
D-44141 Dortmund
Tel: 0231-565 00-0
Fax: 0231-59 24 40
www.vdh.de

Jagdgebrauchshundeverband e.V. (JGHV)
Dr. Lutz Frank (Geschäftsführer)
Neue Siedlung 6
D-15938 Drahnsdorf
Tel: 035453-215
Fax: 035453-262
www.jghv.de

Österreichischer Kynologenverband (ÖKV)
Siegfried-Marcus-Str. 7
(Geschäftsstelle)
A-2362 Biedermannsdorf
Tel: 0043-(0)2236-71 06 67
Fax: 0043-(0)02236-71 06 67-30
www.oekv.at

Schweizerische Kynologische Gesellschaft (SKG)
Brunnmattstr. 24
(Geschäftsstelle)
CH-3007 Bern
Tel: 0041-(0)31-306 62 62
Fax: 0041-(0)31-306 62 60
www.hundeweb.org

Haustierregister

Deutscher Tierschutzbund e.V.
Baumschulallee 15 (Geschäftsstelle)
D-53115 Bonn
Tel: 0228-60 49 60
Fax: 0228-60 49 640
www.tierschutzbund.de

TASSO e.V.
Haustierzentralregister
Frankfurter Str. 20
D-65795 Hattersheim
Tel: 06190-93 73 00
Fax: 06190-93 74 00
www.tiernotruf.org

Internationale Zentrale-Tierregistrierung (IFTA)
Nördliche Ringstr. 10
D-91126 Schwabach
Tel: 00800-43 82 00 00
Fax: 09122-88 51 989
www.tierregistrierung.de

Interessante Links zu Internetseiten rund um den Hund:

www.partner-hund.de
www.hundefinder.de/hundeschulen
www.ferien-mit-hund.de
www.flughund.de
www.haustierratgeber.de

Der Verlag ist nicht für
den Inhalt von Internetseiten und
deren Links verantwortlich.-

Haftungsausschluss: In diesem Buch sind die Namen von Medikamenten, die zugleich eingetragene Warenzeichen sind, als solche nicht besonders kenntlich gemacht. Es kann also aus der Bezeichnung der Ware mit dem für diese eingetragenen Warenzeichen nicht geschlossen werden, dass die Bezeichnung ein freier Warenname ist. Die Markennamen wurden nur beispielhaft aufgeführt. Hinsichtlich der in diesem Buch angegebenen Dosierungen von Medikamenten usw. wurde die größtmögliche Sorgfalt beachtet. Gleichwohl werden die Leser aufgefordert, die entsprechenden Beipackzettel der Hersteller zur Kontrolle heranzuziehen. Die beispielhafte Auflistung von Medikamenten bzw. Wirkstoffen ist kein Beweis dafür, dass diese in Deutschland zugelassen sind. Der behandelnde Tierarzt ist aufgefordert, die jeweilige (Zulassungs-)Situation zu überprüfen.

Dank

Mein herzlicher Dank gilt Edward und Bettina Marks und ihrem Zwinger „Of Mallard Alley" (www.mallard-alley.de) für die fachliche Mitarbeit und Beratung.

Brigitte Löchner (www.honigtal.de) und Familie Stueckrath danke ich besonders für Ihren Einsatz und Ihr unermüdliches Engagement.

Ein großer Dank geht außerdem an Karin van Klaveren (www.kvk-fotografie.de und www.kisangani.de) für ihre einmaligen, direkt aus dem Leben gegriffenen Fotos. Ihre Bilder stellen immer wieder eine große Bereicherung für die Premium-Ratgeber-Reihe dar.

„Tierfotografie Brinkmann" (www.brinkmanntierfoto.de) und allen zwei- und vierbeinigen Modells möchte ich für die professionelle Bebilderung danken, die sehr zur Lebendigkeit dieses Buches beiträgt.

Firma Trixie danke ich für die freundliche Bereitstellung sämtlichen Hundezubehörs und Vroni Reisinger für die fotografische Unterstützung.

Ein weiteres dickes Dankeschön geht an Ingrid Heindl (www.tierphysiotherapie-bayern.de) und Dr. med. vet. Susanne Winhart: Ihr fachlicher und persönlicher Rat war mir bei der Erstellung des Skriptes eine große Hilfe.

Außerdem danke ich ganz besonders Familie Schmitt und Tobias Volg für ihren steten Rückhalt in allen Fragen und Bereichen sowie meinen Redaktionshunden „Luzie" und „Peggy" für ihr beruhigendes Schnarchen während meiner Arbeit und unsere gemeinsamen, entspannenden Spaziergänge und Spielrunden zwischendurch.

Annette Schmitt

Bildnachweis

Alle Fotos bis auf die folgenden stammen von Bernhard Brinkmann:
AVK, Seite: 67 links
Isabelle Francais, Seiten: 3 oben, 18 oben, 24 unten, 29 unten, 30 oben, 31 oben, 34 oben, 35, 37 oben, 62 oben rechts, 66 rechts, 71 oben, 76, 83 unten Mitte, 90, 93, 98 oben
Karin van Klaveren, Seiten: 28, 72, 111, 121 unten
Annette Schmitt, Seiten: 56 unten, 69 unten, 71 unten(2), 74 unten links, 114 oben, 124 unten
Christine Steimer, Seiten: 102 links, 105 oben links
Familie Stueckrath, Seiten: 17, 22 oben, 68 unten, 85 rechts, 86 links
Trixie, Seiten: 8(1), 12(1), 29(1), 31(3), 32(3), 33(2), 34(4), 35(5), 46(4), 47(2), 53(1), 62(1), 67(1), 72(1), 73(2), 74(2), 101(1), 110(1)

Wir danken der Firma Trixie Heimtierbedarf GmbH & Co. KG für das Zurverfügungstellen der Fotos.

Register

Hinweis: Die in diesem Buch enthaltenen Empfehlungen und Angaben sind von den Autoren mit größter Sorgfalt zusammengestellt und geprüft worden. Eine Garantie für die Richtigkeit der Angaben kann aber nicht gegeben werden. Autoren und Verlag übernehmen keinerlei Haftung für Schäden und Unfälle. Der Leser sollte bei der Anwendung der in diesem Buch enthaltenen Empfehlungen sein persönliches Urteilsvermögen einsetzen.

Impressum

Bibliografische Information der Deutschen Nationalbibliothek
Die Deutsche Nationalbibliothek verzeichnet diese Publikation in der Deutschen Nationalbibliografie; detaillierte bibliografische Daten sind im Internet über http://dnb.d-nb.de abrufbar.

Das Werk einschließlich aller seiner Teile ist urheberrechtlich geschützt. Jede Verwertung außerhalb der engen Grenzen des Urheberrechtsgesetzes ist ohne Zustimmung des Verlages unzulässig und strafbar. Das gilt insbesondere für Vervielfältigungen, Übersetzungen, Mikroverfilmungen und die Einspeicherung und Verarbeitung in elektronischen Systemen.

© 2012 Eugen Ulmer KG
Wollgrasweg 41, 70599 Stuttgart (Hohenheim)
E-Mail: info@ulmer.de
Internet: www.ulmer.de
Umschlagentwurf: Sojus Design, Kai Twelbeck, Stuttgart
Titelfoto: Zoonar/Petra Wegner
Satz: r&p digitale medien, Echterdingen
Repro: Timeray, Herrenberg
Druck und Bindung: Firmengruppe Appl, aprinta Druck, Wemding, Germany
Printed in Germany

ISBN 978-3-8001-7562-8

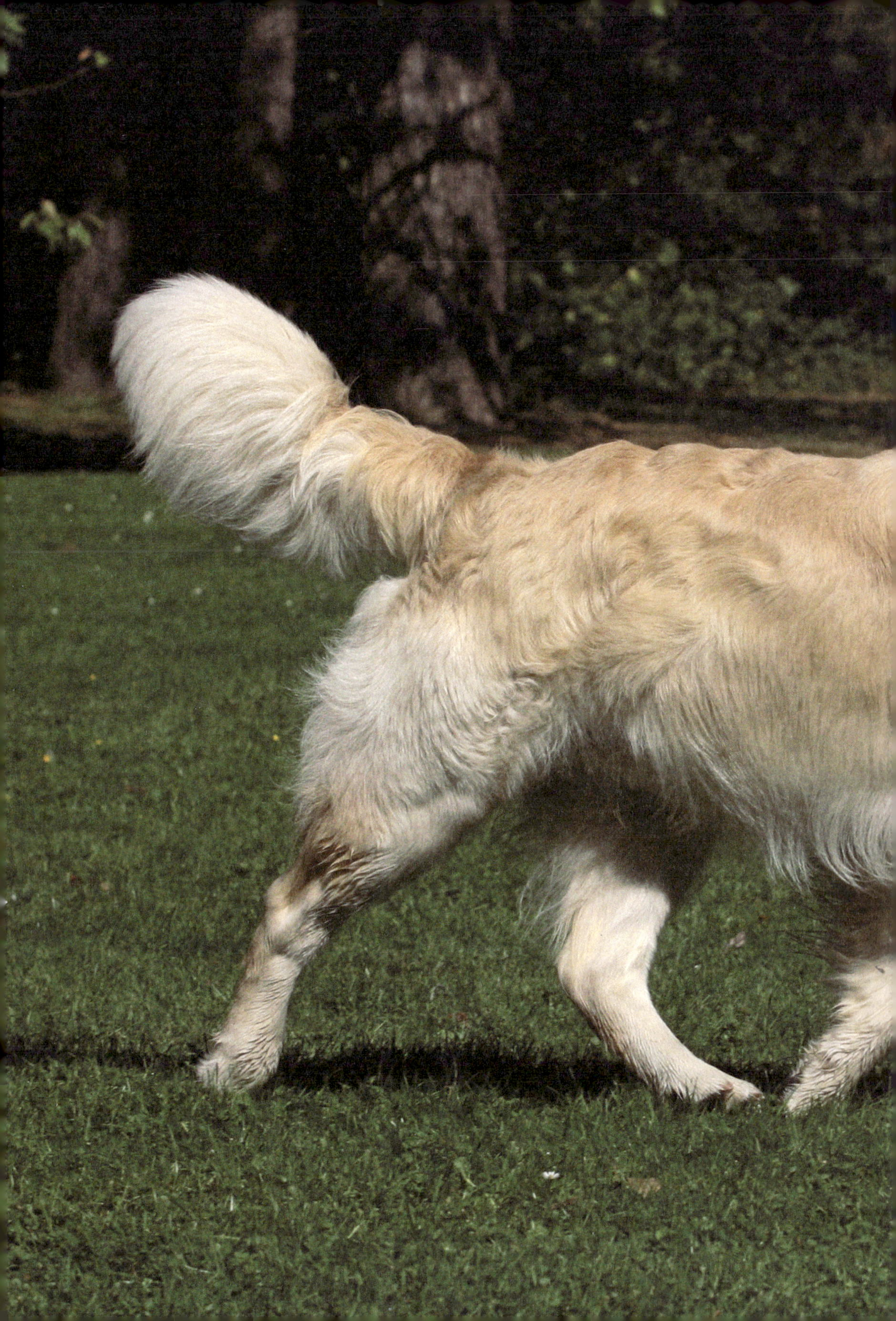